リスク
マネジメント
の真髄

現場・組織・社会の安全と安心

井上欣三　編著
北田桃子・櫻井美奈　共著

成山堂書店

はじめに

近年，安全に対する社会的価値観が変化した。これまでの個人の意識改革に主眼をおいた現場における安全確保の取り組みから，企業においては安全管理を組織ぐるみの取り組みに求める動きが加速し，さらに，社会においては国・自治体の行政的枠組みの下で安全に対する取り組みが重要視されるまでになった。

このような急速に変化する動きに対応していくには，安全性を高めるための取り組みの必要性と方法論を正しく理解し，そして，その取り組みを実務的にどのように具現化していくかについて，解決への道を探らなければならない。本書は，そのソリューションへの道すじを示している。

リスク・マネジメントは，リスクの顕在化がもたらす不測の損害を軽減して最大限の安全を確保するための管理手法である。リスク・マネジメントを適用する対象を大きく別けると，現場で日常業務の安全を担う個人の行動を対象とした「現場のリスク・マネジメント」と，企業活動の安全を組織的なしくみの下で担保しようとする「組織のリスク・マネジメント」がある。これらは現場における事故防止に向けた個人の〔安全意識〕を練磨し，企業組織における安全性の強靭化に向けた組織の〔安全風土〕を醸成する取り組みである。

さらに，もう一段上の視野からみればリスク・マネジメントを国の政策において，また，国際的な枠組みの中で規定する，いわゆる「社会のリスク・マネジメント」が存在する。この社会的視野からのリスク・マネジメントは，それが実質化されることによって社会の〔安全文化〕が育まれることになる。

現場・組織・社会の安全は，図１に示すように，個人の行動を対象に

したリスク・マネジメント，組織の体制的枠組みを対象にしたリスク・マネジメント，社会のありようを対象にしたリスク・マネジメントの三層構造で担保される。

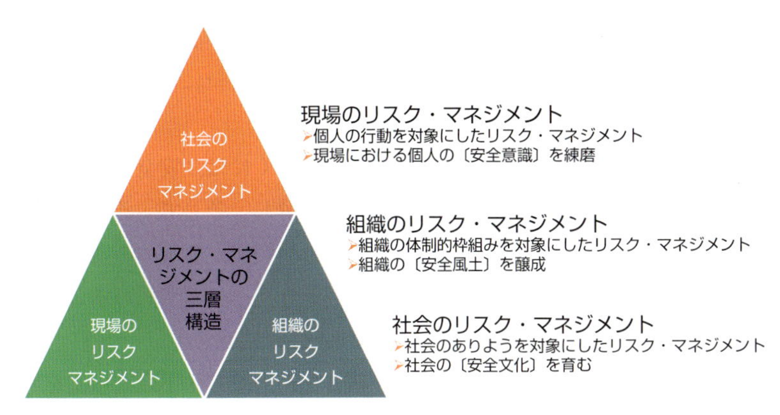

図１　リスク・マネジメントの三層構造

不具合事象の発生防止や事故防止には，現場・組織・社会のそれぞれの枠組みにおいてリスク・マネジメントの取り組みを効果的に実践することが求められる。それには現場・組織・社会に潜む危険の最小化に向けた論理的な思考と技術的な手順を縦糸に，常に目標を共有し，情報を共有し，認識を共有し，問題を共有できる人のつながりとチーム力の活用を横糸にした，システマティックな取り組みが不可欠となる。

従来は，現場や組織内でことが起こると，もっぱら誰の過失かを詮索し，犯人を探し出して個人の過失責任を問うてきた。関係者は，「下手人を洗い出し，手も打った，だからもう再発はないはず」という気になり，これで一件落着とする考え方が一般的であった。

しかし，意図せぬ過失（ヒューマン・エラー）は人間が持ち合わせた

特性（ヒューマン・ファクター）に起因して発生するという事実が明らかになって以降，「悪者探しの結果からは何も得るものはない。エラーが生じた周辺環境に目を向けてなぜエラーが生じたのか，何が不十分だったのか，また，エラー連鎖をなぜ切断できなかったのかを吟味して，対策の対象を洗い出し，そして，分析された背後要因に対して予防的対策の手を尽くす。この予防安全の手立てを講じることが再発防止に向けた合理的ソリューションである」とする考え方が普遍化された。

それ以来，エラー生起がヒューマン・ファクターに基づくものである限り，同様のことは他の誰にでも生じる。エラーを生んだ本人を責めても，それが人間の特性からくるものである以上絶滅は難しい。それよりもエラーが生じてもチームとしてエラーの連鎖を断ち切る努力こそが合理的な事故防止対策であるとする考え方への理解が進んだ。

このようにチーム力により事故防止に取り組む考え方は，航空機の運航におけるCRM（Cockpit Resource Management）を手始めに，危機に対する意識のもちよう，行動のあり方に個人レベルで改革を促す現場向けのプログラムに取り入れられた。「人間が持ち合わせた特性（ヒューマン・ファクター）に起因して発生する意図せぬ過失（ヒューマン・エラー）によって生じる不具合事象の発生を極力抑え，仮に発生しても重大な結果に至らないように事前に予防的対策の手を尽くす」，この考え方は，現場における個人の行動に対するリスク・マネジメントの基本の考えになっている。

一方，同じ考えを，インシデントやアクシデント発生のトリガーを個人行動のエラーから組織活動の不具合に汎用化すれば，「組織の業務活動に内在する不具合事象のタネを洗い出し，その発生を極力抑え，仮に発生しても重大な結果に至らないように事前に予防的対策の手を尽くす」ことにも通じ，この考えを，組織の安全管理のしくみの下で実践することは，とりもなおさず企業における組織レベルのリスク・マネジメントの考えに通じる。

この考えを現場・組織・社会において実際化するには，単に誰かが思想を理解しているだけでは事足りない。つまり，安全性を高める取り組みの必要性を理解し，そして，その取り組みを実際に体現できる人材の育成と体制の構築が必要となる。それには現場・組織・社会の中核としてリーダーシップを発揮し，リスク・マネジメントの実践者（Practitioner），推進者（Promoter）となるべき人材の育成とともに，リスク・マネジメントの推進，指揮の役割を担うヘッドクォーターの設置が不可欠である。

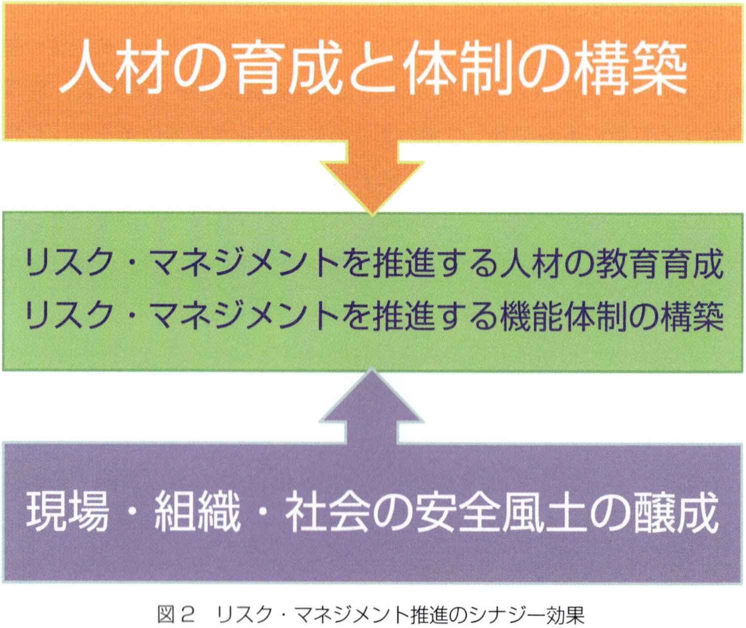

人材の育成と体制の構築

リスク・マネジメントを推進する人材の教育育成
リスク・マネジメントを推進する機能体制の構築

現場・組織・社会の安全風土の醸成

図２　リスク・マネジメント推進のシナジー効果

この点については，図2に示すように，リスク・マネジメントの実践と推進を担う人材を獲得するために，現場・組織・社会の枠組みでそれぞれのリスク・マネジメントを実践できるリスク・マネジャーの育成にそのソリューションを求めるべきである。そして，育成されたリスク・マネジャーがそれぞれの組織の中でリスク・マネジメントの目標達成に向けて力を発揮できるように，組織内にその能力を活かす体制を構築してバックアップする必要がある。

これらリスク・マネジャーの人材育成とリスク・マネジメントを推進する体制充実がシナジー効果を発揮してはじめて，現場・組織・社会の安全風土が醸成されると心得るべきであろう。

平成29年3月

井上欣三

本書の構成

本書は，「リスク・マネジメントの理解」，「リスク・マネジメントの実践」，「現場のリスク・マネジメント」，「組織のリスク・マネジメント」，「社会のリスク・マネジメント」をテーマとする５編で一冊の著書を構成する形で編纂した。

第一編の「リスク・マネジメントを理解する」では，リスク・マネジメントのいろはをできるだけ平易に解説することを意図し，どのようなジャンルの読者にも「なるほどリスク・マネジメントって，こういうものだったのか」と納得していただける記述を心がけた。

第二編の「リスク・マネジメントを実践する」では，リスク・マネジメントによく利用されるツールとしてVariation Tree Analysis，なぜなぜ分析，M-SHELモデルに基づく対策立案法を紹介し，これらの技法と手順を実際の使用例を示しながら解説することにより，リスク・マネジメントに必要な基本的技術を理解していただける記述を心がけた。

第三編「現場のリスク・マネジメントを考える」では，現場における事故回避に不可欠な個人レベルの安全意識の改革と実践を切り口に，そして，第四編「組織のリスク・マネジメントを考える」では，組織の安全風土構築に必要となる組織レベルにおける危機管理のあり方を切り口に，さらに，第五編「社会のリスク・マネジメントを考える」では，社会に潜むリスクを洗い出し，それらのリスクを最小化するためのマネジメントにいかに取り組むかをテーマとして，産業，教育，人材，政策を切り口に，社会のリスク・マネジメントとは何をどうすれば達成できるのかを解説した。なお，第五編は，三人の著者が常日頃から直面し経験している社会的事象について，何がリスクか，どうすればよいかについて，それぞれの考えを著述し，それらの記述を束ねて編集する方法をとった。

リスク・マネジメントを実践する能力を備えた担当者を組織内に育成することと，組織内にその人材能力を活かす体制を構築することは，リスク・マネジメントを実践するための最も重要なインフラである。

本書では，組織においてリスク・マネジメントを率先垂範する人材をリスク・マネジャーと位置づけている。リスク・マネジャーの育成方法とその能力を活かすための体制構築については，第四編「組織のリスク・マネジメントを考える」において実在の企業組織における具体的事例を紹介したので，これを読んでいただければ，読者のみなさんには，リスク・マネジメントを実践するための人材育成と体制整備について，それはどうやったら実現するのか，そのノウハウを読み解いていただけると思う。

第一編　リスク・マネジメントを理解する

基本の用語（安全，安心，リスク，マネジメント）
リスク・マネジメントの定義

第二編　リスク・マネジメントを実践する

リスク・マネジメントの手順（調査，分析，評価，対策）
７つの作業工程

第三編　現場のリスク・マネジメントを考える

ＴＲＭ（チーム・リソース・マネジメント）
個人力依存からチーム力活用への発想転換

第四編　組織のリスク・マネジメントを考える

超えるべきハードル(内部監査，教育，外部評価)
人材育成

第五編　社会のリスク・マネジメントを考える

社会に潜むリスクの洗い出し（産業，教育，人材，政策）
リスクを最小化するためのマネジメントの取り組み方

目　次

第一編　リスク・マネジメントを理解する

第二編　リスク・マネジメントを実践する

第五編　社会のリスク・マネジメントを考える

第一編

リスク・マネジメントを
理解する

1. リスク・マネジメントにおける基本用語

1.1 安全という用語

安全とは＝危険が顕在化しない状態

平和な国土に生活する日本人の国民性を評して，日本人は水と安全はただだと思っている，と言われてきた。最近とくに世界に起こるテロリズム，異常気象に起因する災害，何時なんどき巻き込まれるともわからない事件や事故といったように，常に危険がつきまとうことを身近に感じるようになり，身に降りかかる可能性のある危険を排除する意識なしには，さすがに安全は得られないとの認識も定着しつつある。このように安全とは，安全を損なう原因となる危険を排除してはじめて手にすることができる努力の対価なのである。

安全とは，危険が極力抑えられて危機的な状態が発生しにくい状況をいう。現場・組織・社会において安全な状態とは，個人の行動や組織の活動に不具合な事象が起きない，または起きにくい，そして，社会にとって不都合な状況が起きない，または，起きにくい状況にほかならない。

安全と危険はどう違うか

そもそも世の中には絶対的な安全というものは存在しない。存在するのは危険だけである。そして，危険を排除する努力なくして安全はあり

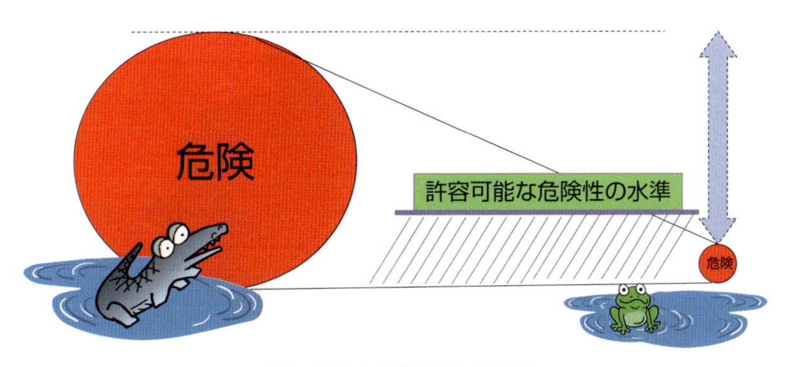

図３　安全と危険はどう違うか

得ない。危険の程度を極力小さくする努力の結果から得られるのが安全である。

世の中に存在する危険には小さな危険から大きな危険まで様々あるが，危険の程度を極力小さくする努力をもってしても，なお個人的にまたは社会的に許容できない危険を負う状態は安全とは言えない。しかし，反対に課される危険の程度が許容可能な水準以下ならばそのような状態は安全と言える。したがって，安全とは，直面する危険の大きさの許容水準との比較の下で定義できる危険に対する相対的価値観ともいえよう。（図３）

安全と安心はどう違うか

最近とくに「安心・安全な社会作り……」とか「安全・安心な商品提供……」とか，安全という言葉と安心という言葉をワンセットで重ねて使う様子を目にしたり，耳にしたりする。しかし，実際は，安全と安心は同じではない。これらをあたかも同じ意味をもつものとして強意の意図をもって並べて使っているとすれば，多少の違和感を覚える人もいる

図４　安全と安心はどう違うか（安全と言われても安心できない）

ので注意が必要である。

安全と安心という言葉の意味の違いをどのように区別すればよいかは，例えば，渓谷を眼下にしてバンジー・ジャンプを跳ぶかどうかに迷う様子を思い浮かべるとわかりやすい。足や腰に括られたスプリング付きのロープは人間一人を支えるには十分な強度がある，とはいえ，いかに強度的に安全と言われても感覚として不安がつのる。このような科学的な安全保証に対する主観的な信頼感覚の，その両者の葛藤がバンジー・ジャンパーの決断に逡巡を生むことになる。(図 4)

この例からもわかるように安全と安心は同じではない。つまり安全は，危険の程度が許容の範囲内にあると客観的に保証される状態であるのに対し，安心は，安全の程度を基にした個々の人間の主観に基づく信頼感覚であると説明できる。

1.2 危険という用語

危険とは＝排除すべき不具合な事象

危険をゼロに近づけることによって，そして，それが許容水準以下に抑制されることによって安全が達成できると考えるとき，目標を達成するための排除すべき不具合事象が危険である。そして，安全を阻害する不具合な事象を明らかにすることによって，危険の概念，または，危険の中身が具体的に同定できる。

危険の同定

図5は，ある人が棒の先に結わえられた獲物を得るために板を渡ろうとする状況を示している。この人にとっては，まず基本的に板から落ちるという危険に直面している上に，落ちるところによっては更なる危険を伴うことになる。渡り始めのところでの水溜りへの落下はせいぜい衣服がぬれる程度の危険ですむが，渡り終えるところで落下すると沼にいるワニの餌食になる危険が待ち構えている。

つまり，この人にとっては，①板から落下する，②水溜りに落下する，③ワニのいる沼に落下する，といったことが獲物を手にするための排除対象であり，これら三つの不具合の発生がこの人にとっての危険である，というように排除すべき不具合の中身を洗い出すことによって，この人が直面する危険の中身が同定できる。

図５　危険の同定

危険の大きさの表現

ある人，ある組織，ある社会が実際に遭遇するかもしれない不具合な事象が危険であり，それが発生する可能性が高い状況を危険の程度が高いといい，さらに，その不具合事象が生起したとき蒙る損害が大きい場合，そこには重大な危険が存在すると，説明することになる。

危険という言葉は，それ自体，現場・組織・社会が遭遇するかもしれない不具合事象の対象を表した言葉であり，危険という言葉そのものに，その影響の程度や切迫性に関する意味を含まない。そこで，危険の発生の可能性や結果として蒙る損害までをもその言葉のニュアンスに含んだ用語として，リスクという言葉が用いられる。

1.3 リスクという用語

リスクとは＝危険の発生確率と結果の重大さの積

危険という用語に代えて，現実にはまだ生起していないが将来起きるかもしれない不具合事象の存在，その起こりやすさ，そして，その結果がもたらすであろう損害の大きさ，これらのニュアンスを包含する用語として，リスクという言葉が用いられる。

リスクという言葉は，例えば，「我々の業務はこんなリスク（危険）と背中合わせだ」「そのようなことが実際に発生するリスク（可能性）を無視しえない」「それに直面したときに蒙るリスク（損害）を覚悟することも必要だ」といったように，これから起きるかもしれない危険の種類，可能性，損害の大きさを言葉の意味に含めながら，リスクという用語は日常会話の中で使われる。

リスクの大きさを測る

リスクという用語は，近年では安全に限らず広い範囲でイメージできる汎用的な定義づけを行う傾向があるが，安全を対象とする限りその定義は，従来通り，危険の発生確率と結果の重大さの組み合わせを用いて表現され，両者の積【危険の発生確率×結果の重大さ】を用いてリスクの大きさが測られる。例えば，発生確率は低くても起こった場合の結果が甚大であれば，そのリスクは大きい，発生する確率が高くその結果も甚大な場合，そのリスクは非常に大きい，というように理解される。

1.4 マネジメントという用語

マネジメントとは＝目標を達成に導く過程の体系的手順化

リスクには，経済活動に伴う投資リスク，日常生活に支障をきたす健康リスク，大気汚染や水質汚染などに関連する環境リスク，政府の政治方針などに起因する政策リスク，生活用品の故障などの製品リスク等々があり，多岐にわたる。

このような身近に存在するリスクを発生頻度の面でも結果の甚大さの面でも，また，その両方を許容水準以下におくことを目標とした努力によって，その対価として安全はもたらされるものであるが，このような努力目標を達成に導く過程の体系的手順をマネジメントという。

マネジメントと管理

「マネジメント」という英語は日本語では「管理」と訳されている。この「マネジメント」という英語が「管理」という日本語に訳された途端に，この言葉は人それぞれ異なるニュアンスで理解することとなり，一意的に説明できない厄介な言葉となる。

ある人は「管理する」「管理される」と聞くと，それは，行動が「監視」「監督」されるようなネガティブな印象で捉えたり，「管理者」と聞くと，権限をもって何かを取り仕切るような強権的なイメージで捉えたり，あまり前向きの感じでは伝わらない。

しかし，英語のままマネジメントという言葉を使うと，多少前向きな感じで伝わってくる。「業務をマネジメントする」と聞くと，目標達成に向けてメンバーの行動を方向付けるような積極的なニュアンスで伝わってくる。トップマネジメントと聞くと，そのようなマネジメント業務を責任をもって指揮する人材というようにリーダーシップあふれるイメージという響きがある。

このようにマネジメントという用語は，本来，人に強制されたり従属したりするネガティブな意味とは異なり，みんなが力を合わせて目標達成に向けて一丸となるようなポジティブなニュアンスをもつ語として捉えるほうが実際的である。

マネジメントの定義

例えば，何かをマネジメントするというときには，関係者が共通の目標とするところに向けて，たゆまぬ PDCA（Plan, Do, Check, Action）サイクルを持続的に継続できるように，メンバーひとりひとりの意識を高めたり環境を整えたりすること，とイメージすると良いのではないだろうか。

しかし，意識高揚とか環境整備とかいうことになれば，当然のことながらメンバーの中には従来通りが良いとして，自分を変えたり周りの様子が変わったりすることに反発を感じるメンバーもいないわけではない。したがって，積極的な行動や活動を伴う本来的なマネジメントの実践には，メンバーの納得を取り付けるプロセスが不可欠となる。

掲げられた目標に対してメンバーの納得を取り付けるプロセスに，まず最も必要なことは，なぜそのような目標を達成しなければならないのか，その合理的必然性が説明できることである。納得できない目標に向って黙って走れということ自体がどだい無理である。合理的必然性が論理的に説明され，それに納得してはじめてみんなが力を合わせて行動できるのである。

したがって，マネジメントを実践する役割を担う人は，第一にメンバーにその目標を達成するための合理的な必然性を論理的に説明すること，第二にメンバーの深い納得と関係者のコンセンサスを形成すること，そして，これらの準備を整えた上で，はじめてみんなで達成すべき目標に向って走り始めるというプロセスを大切にしなければならない。

これらのことを念頭に置いて，本書では，マネジメントという用語を以下のように定義し，ここに定義したようなプロセスを踏むことによってマネジメントは達成されるものと考える。

マネジメントの定義

マネジメントとは，努力目標を達成に導く過程の体系的な手順化である。具体的には，設定された目標について，それを達成するための合理的必然性を論理的に説明し，メンバーの深い理解・納得・コンセンサスの下に，目標達成に向けて行動する，または，そうするように仕向けるための一連の活動プロセスをいう。

2. リスク・マネジメントに挑む

2.1 リスク・マネジメントの基本

リスクを最小化するマネジメント・プロセス

我々を取り巻くリスクは多岐にわたるが，我々が平穏に安心して生活できるためには，ただやみくもにではなく，排除すべきリスクの対象は何かを明らかにし，リスクを最小化するためにとるべき施策を理解し，目標達成に向けてみんなで行動する一連のマネジメント・プロセスを踏む必要がある。このようなリスクを最小化する手立てを体系的に手順化したプロセスをリスク・マネジメントという。

リスクを排除するための事前の対応には，それに伴う先行投資への無理解や関係者間の利害も絡み，また，従来通りが良いとして自分を変えたり，周りの様子が変わったりすることに反発を感じる雰囲気が立ちはだかることも事実としてある。その意味から，リスクを最小化するマネジメント・プロセスにおいては，安全性を高める施策をみんながその気になって自発的に実行するための合意形成が不可欠となる。加えて，より多くの関係者をより深く納得させるためにその施策を導入することの論理的必然性を説明できることが重要となる。

リスク・マネジメントは，科学的合理性に基づく納得の形成である。つまり，関連するシステムにおけるリスクの最小化という目標を達成するためにとるべき施策の論理的必然性と合理的説明性を科学的に明確にすることが，構成員の深い理解と納得形成の原動力となる。そして，これらの説得材料の下で関係者間のコンセンサスを作り，その上で組織の構成員または関係者がやる気になるように仕向けること，このことが，ここにいうマネジメント・プロセスである。

リスク・マネジメントは予防的対策

リスク・マネジメントは，リスクの発生，リスクの回避，リスクの軽減に向けたリスク顕在化に対する予防的対策の手立てをとる。つまり，リスク・マネジメントの手法がもつ最も重要な特徴は，これから起きるかもしれないリスクを顕在化させないための事前の対応であるという点にあり，「転ばぬ先の杖」の発想の下に予防的対策の意識を前提にリスク最小化に向けたマネジメント・プロセスの手順を踏むことが重要である。

このようなリスクの発生を極力抑え，できるだけ影響を軽減するためのリスク・マネジメントでは，表面的原因だけに対策の目を向けるのではなく，背後に潜むリスクを発生させる隠れた要因にも目を向け，リスクのタネが芽吹かないようにあらかじめ手立てを講じ，たとえリスクのタネが芽吹いたとしても，リスクの芽の成長を食い止めるための対応が活動の根幹をなす。

墓標安全から予防安全へ

ことが起こってから再発防止に取り組む。これは一般的な事故や不具合発生の後始末の典型といってよい。事故や不具合が発生してから後追いの対策を練ることを墓標安全（Follow-up safety）と呼ぶ。これは後追い対策（Follow-up measures）とも呼ばれ事故や不具合への反省から学ぶ対処療法である。一方，ことが起こる前にリスクのありかを分析し，そのリスクが顕在化する前に事前に対策を立て，事故や不具合の発生前に先取り的に対処することを予防安全（Preventive safety）と呼ぶ。これは先取り対策（Beforehand measures）とも呼ばれ事故や不具合の発生の芽を絶つ根治療法である。現場・組織・社会の安全を目指すリスク・マネジメントにおいては，この予防安全の意識が重要となることは必然である。

リスク・マネジメントの基本

- ➢リスクを最小化する手立てを体系的に手順化したプロセスをリスク・マネジメントという。
- ➢リスク・マネジメントは直接的な原因や背後に潜む要因に目を向けた予防安全の実践が前提である。
- ➢マネジメントとは，科学的合理性にもとづく関係者間の合意と納得の形成である。
- ➢リスク・マネジメントでは体系化された手順に従ったマネジメント・プロセスを踏む。

2.2 リスク・マネジメントの定義

墓標安全と予防安全のリスク・マネジメント

図6に整理したように，リスク・マネジメントは，対策を講じる時期の違いから，事故や不具合に遭遇してから後追いの対策を練る墓標安全と事故や不具合が起こる前に先取り的に対策を講じる予防安全に分類できる。墓標安全にあってはすでに顕在化したリスクの再発防止がその対策目標となり，予防安全にあってはこれから顕在化するかもしれない潜在リスクの発生抑止がその対策目標となる。また，墓標安全にあっても予防安全にあっても対策を講じる時期に関わりなく，リスク発生に至る経緯を分析する際には直接原因と潜在要因の双方に着目する必要がある。

図6に示したリスク・マネジメントにおける対策の着手時期と分析の着目対象に関する整理を基にすれば，墓標安全にも予防安全にも共通した説明が可能なリスク・マネジメントは以下のように定義することができる。

対策の着手時期	対策目標	リスク発生に至る経緯分析の着目点
顕在リスクに対する後追い対策 墓標安全 ⇨	顕在リスクの 再発防止	結果を生み出す直接的な原因 直接原因
潜在リスクに対する先取り対策 予防安全 ⇨	潜在リスクの 発生抑制	原因の背後に潜む隠れた要因 潜在要因

図6　リスク・マネジメントにおける対策の着手時期と分析の着目対象

リスク・マネジメントの定義

リスク・マネジメントとは，リスクを最小化する手立ての体系的な手順化である。具体的には，すでに直面したリスク，または，これから発生するかもしれない隠れたリスクを対象に，それらの再発防止・発生抑制ならびにリスクから蒙る損害の回避・軽減を目標として，そのためにとるべき対策の合理的必然性を論理的に説明した上で，構成員の深い理解と納得の下，関係者間のコンセンサスを作り，みんなで目標達成に向けて行動する，または，そのように仕向けるための一連の活動プロセスをいう。

対策の着手時期

リスク・マネジメントは，本質的にはことが起こる前に先取り的に手立てを講じる予防安全を目指すものであることに間違いないが，だからといって，事故や不具合に遭遇してから後追いの対策を練る墓標安全を実施しなくてよいかといえばそうではない。リスク・マネジメントは，すでに直面したリスク，または，これから発生するかもしれない隠れたリスクの双方を対象に，それらの再発防止・発生抑制ならびにリスクから蒙る損害の回避・軽減を目標として，原因を探り出して手を打つためのマネジメント・プロセスである。

したがって，ことが起こる前か後かその対策の着手時期が違っても，ことが起こった後の後追い対策にあってはリスクの再発防止のために，ことが起こる前の先取り対策にあってはリスクの発生抑制のために，というようにその目標の置き所が異なるだけで，リスク・マネジメントはいずれにも同様に適用できるし，また，いずれにも適用しなければならない。

分析の着目対象

対策を練る時期が墓標安全であっても予防安全であっても，その目標を達成するためにはリスクの存在を明らかにし，そして，そのリスクを発生させる原因・要因を探りあてることから始めねばならない。すでに顕在化した事故や不具合にあっては，結果を生み出した直接的な原因だけに目を向けるのではなく，その直接原因が生じるに至った背後の要因にまで分析対象を広めて根本的な再発防止策を講じる姿勢がなければならない。一方，これから遭遇するかもしれない未知の事故や不具合にあっても，その着目点は直接原因のみならずその原因の背後に潜む隠れた潜在的な要因にまで分析を深めて根本的な予防安全対策を講じる姿勢をもたなければならない。

直接原因と潜在要因

結果を生み出すことになった直接的な原因は，誰の目にも理解しやすいし納得を得やすいが，その直接原因が生じるに至る背景には別の要因がきっかけとして隠れているものである。例えば，「外出の際に鍵を掛け忘れた」といったことは日常よくあることである。この事象の直接原因は「もちろん鍵を掛けなかったこと」ではあるが，問題はなぜ掛け忘れたかである。

「鍵が手元になかったのでつい横着したとか鍵をもつ習慣がなかった，ほかに考え事をしていた」等々，鍵を掛け忘れるに至った原因の背後に本人自身に関わる要因があり，また，その遠因として「家内が掛けると思っていた，ドアを出たらちょうど隣の人がいて挨拶をしたまま出かけてしまった」といった思い込みや介入などの間接的要因がいくつも考えられるが，これらの背後要因に対策の手立てを講じなければ今後における根本的な解決にはならない。

2.3 リスクに立ち向かう

危険に備える意識

マネジメント技術を利用して行動や活動を安全に導くのは人間である。リスクを最小化するためのマネジメント・プロセスを実践する人間が安全向上への意識も低く，意欲も弱く，危険への感受性も乏しければ，せっかくの活動が魂のないマニュアル技術の踏襲にとどまり，本来の目標である安全向上への努力が建て前に終わる。

リスク・マネジメントの実践をアリバイ作りで終わらせることなく，実質的な成果に導くことができるためには，それを実践する人間に，危険への敏感さと，危険に謙虚に向き合う姿勢が備わっている必要がある。リスク・マネジメントの実践者（practitioner），推進者（promoter）にふさわしい人材には次の三つの意識が不可欠である。

(1) 危険を侮るな

いつ起こるかもしれない危険に備えて油断することなく，何時なんどき何が起こっても対処できる身構えと心構えを常にもつこと。何かが起こることが念頭にあっても，自分には関わりないだろう，といった油断は危険の侮りにつながる。

(2) 人ごとと考えず自分のものとして

新聞やテレビのニュースに紹介される事件や事故に接するとき，自分は無関係，などと人ごとと捉えることなく，もしこれと同じことが我が身に降りかかったとしたら……と，常に自分のこととして考えることは，危険を侮ることなく危険に敏感な意識の持ち主としてリスク・マネジメントの実践者にふさわしい資質につながる。

(3) 危険を先読み

突発的に発生する危険を予測することは難しいが，こんな状況ではこんなことが起こるのではないか，そうなると次に何が起こるか？　さらにその次は？　と常日頃から想像の世界で思いをめぐらすことは危険の先読みを習慣化するためのイメージ・トレーニングとなる。また，危険を先読みする中でそのときの対応も同時にイメージしておくことは突発的な危険に直面してもゆとりをもって行動することが可能となり，また，そのときの対処の仕方にも多くの手の内をもつことにもつながる。

危険への対処に必要な意識

- ➢危険を侮るな
- ➢人ごとと考えず自分のものとして
- ➢危険を先読み

危険への感受性

危険への対処に必要な意識は，主に危険への向き合い方と危険の先読みの重要性を説いたものであるが，それには，危険に対する感受性の練磨が必要となる。日常的に危険の存在を侮ることなく，何時どんな危険が身近に降りかかるかもしれないとの思いで行動し，常にあらゆる危険を自分のものとして考えることを習慣付けることによって，危険への感受性は鋭くなる。

2011 年 3 月 11 日，東日本大震災は大きな津波被害をもたらした。しかし，新聞に掲載された記事によると，釜石市では 3 千人近い小中学校の生徒のほとんどが無事に避難したという。中でも釜石東中学校の生徒らは日頃から訓練してきた通り高台に逃げ，その途中で鵜住居小学校の児童の手を引いてみんなで危機を脱したという。このことは危険への対処に必要な要素を日頃の防災教育が育んだ好例であり，日常の教育・訓練が危険に対する感受性の練磨に役立つ結果をもたらしたともいえる。

危険の先読み

危険発生の予感を察知してどのように解決すべきかを考え，または，ことが起こる前に想像力で解決すべき課題を探るといった，危険の予知や先取り対策の能力は，日常的な危険の先読みの鍛錬によるところが大きい。豊かな危険への感受性の下で危険の先読みが可能になると，危険を予測して対策を立てることができるので，情報が不足，錯綜していても状況の推移を正しく分析でき，的確な判断，迅速な行動ができることにもつながり，現場での対応能力に優れる。

プロ将棋の棋士は対戦相手の打ち手を想定しながら何通りもの駒の打ち手の組み合わせを先読みするという。また，できるだけ多くの打ち手を手の内に宿して対局に臨むという。このように棋士が負けるという危険を克服するために先読みの鍛錬に励むように，リスク・マネジメントの実践者（practitioner），推進者（promoter）には日頃から先読みの習慣を身につけてリスクに立ち向かう姿勢が望まれる。

危険への感受性と危険の先読み

- 常に危険と同居していると心得よ
- 油断すると危険への感受性が鈍る
- 危険の前兆をいち早く把握，次に備える心構え
- 先読みを怠ると想定外が横行

第二編

リスク・マネジメントを実践する

1. リスク・マネジメントの手順

リスク・マネジメントは，リスクを発生させる原因・要因がもたらす不測の損害を軽減して最大限の安全を確保するための体系的手法である。そして，リスク・マネジメントの最も重要な特徴は，ことが起こる前に直接的な原因や潜在的な要因に対して予防安全の対応をとる点にある。

リスク・マネジメントには，すでに体系化された技術的手順がある。図7は，リスク・マネジメントの重要な本質としての予防安全を達成に導く道すじをフローチャートで示している。それは，リスクの存在を明らかにし，そのリスクを発生させる直接的な原因や背後に隠れた潜在的

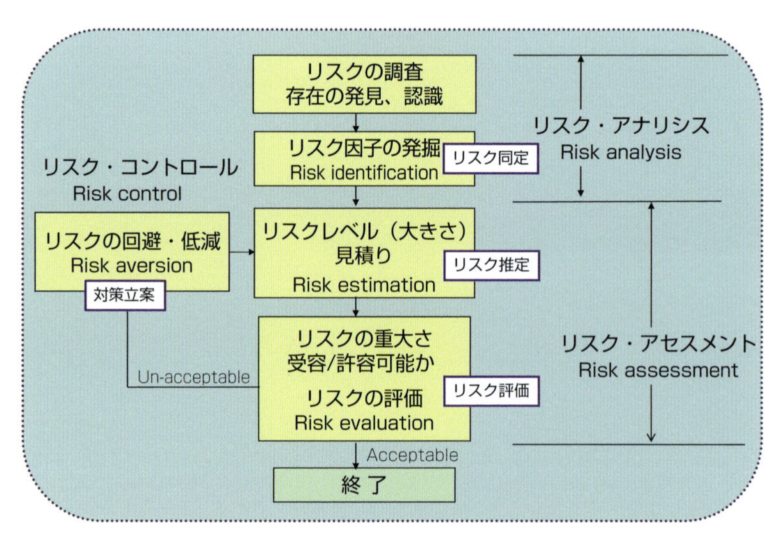

図7　リスク・マネジメントの技術的手順

な要因を洗い出して，リスクが顕在化する前にそれらに対して効果的な手を打つ，といった流れで成り立っている。

1.1 リスク・アナリシス

リスク・マネジメントの手順の第一は，まず現場・組織・社会を取り巻く環境にどのようなリスクが存在するか，そのリスクを顕在化させる原因や要因は何か，そのリスクが顕在化するとどのような被害，損害をもたらすか，これらをシナリオ化しながらリスク因子，つまり，リスクのタネを洗い出すことから始める。リスク因子を洗い出す工程をリスク同定ともいうが，このようなリスクの発見から，リスクの認識，リスクの同定に至る一連の調査の手順をリスク・アナリシスと呼ぶ。

1.2 リスク・アセスメント

次に，洗い出したリスク因子の発生頻度を推定し，そして，それが顕在化したときに生じる被害，損害の大きさを推定する。一般には科学的に算定した発生確率と予想される損害額の積を求め，貨幣価値に置き換えて（期待事故費用）そのリスクの大きさを見積もることが行われる。ただし，リスクの大きさを科学的な手法で算定することが難しい場合には，主観的にリスクの大きさを見積もることも行われる。

客観的か主観的かのいずれかの方法によって推定されたリスクの大きさをそれぞれの現場・組織・社会がもつ基準に照らして，それが許容可能か，または，許容できないかを評価し，この評価結果を基に排除ターゲットとするリスク因子を選択する。このリスク推定とリスク評価のプロセスをリスク・アセスメントと呼ぶ。

1.3 リスク・コントロール

リスク・アセスメントの結果から，そのリスクが現場・組織・社会が許容できる範囲を超える場合には，そのリスクを回避，低減する手立てを考え，対策の実施を具体化するプロセスを踏む。この対策立案，実施のプロセスをリスク・コントロールと呼ぶ。

なお，複数のリスク因子に対して対策を実施しようとする場合には，その重要度に応じて対策実施の優先順位を付けることが望ましい。それにはリスク・アセスメントのプロセスで推定されたリスクの大きさの順序関係を基に，これを判断情報として対策実施の優先順位を判定することが合理的である。

2. リスク・マネジメントの作業工程

2.1 7つの作業工程

リスク・マネジメントを達成する作業工程は，5つの要素作業と2つの前後作業で構成される。2つの前後作業は，リスク・マネジメントにとりかかる前の準備作業とリスク・マネジメントを完成させるための最後の仕上げ作業である。図8は，図の左側にリスク・アナリシス，リスク・アセスメント，リスク・コントロールの各プロセスにおける5つの要素作業とそれをはさむ2つの前後作業の合計7つの作業工程を，リスク・マネジメントの開始から完了まで実施の順序に従って図解している。

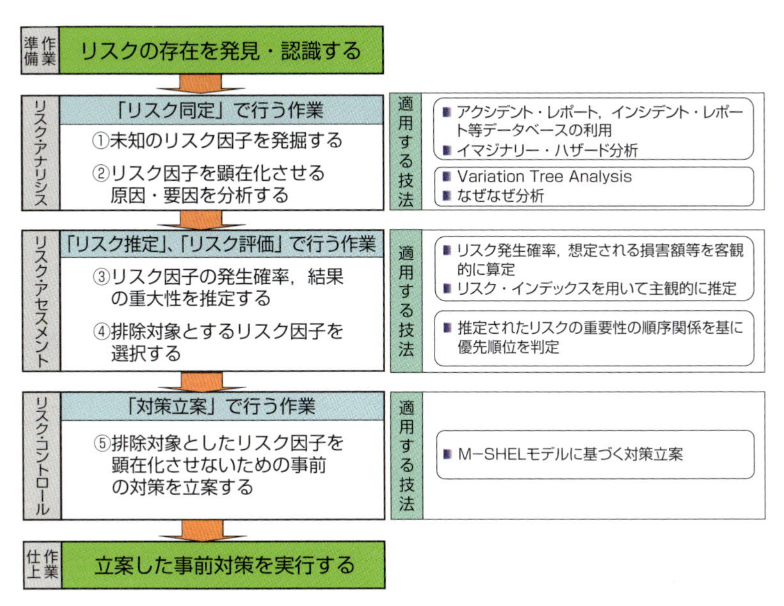

図８　リスク・マネジメントにおける７つの作業工程

リスク・マネジメントでは，合計７つの作業工程を順を追って実施していく必要がある。まず準備作業としてそれぞれの現場・組織・社会を取り巻く環境においてそもそもリスクは存在するか調査し，存在するとなればどのようなリスクが存在するか，リスクの存在を発見し認識することから始める。関係者が集まって自由討論形式で考えていることや気付いたことを話し合うブレーンストーミングは，多様な角度からの見解が期待され，相互に意見交換することによって新たな気付きが得られるなど，身の回りのリスクの発見，認識には格好の方法である。

リスク・アナリシスにおける「リスク同定」，リスク・アセスメントにおける「リスク推定」・「リスク評価」，リスク・コントロールにおける「対策立案」の作業工程では以下の５つの要素作業を実施する。

① リスク因子を発掘する
② リスク因子を顕在化させる原因・要因を分析する
③ リスク因子の発生確率，結果の重大性を推定する
④ 排除対象とするリスク因子を選択する
⑤ 排除対象としたリスク因子を顕在化させない事前の対策を立案する

図８の右側には，リスク・アナリシス，リスク・アセスメント，リスク・コントロールの各プロセスにおける５つの要素作業を実行する際に適用可能な技法を整理している。

「リスク同定」の作業においては，リスク因子の洗い出しならびにリスク因子を顕在化させる原因・要因の分析が行われるが，リスク因子の洗い出し作業に適用できる技法としては，アクシデント・レポートやインシデント・レポートの活用とともにイマジナリー・ハザード分析がある。

すでに顕在化したリスクを対象にリスク因子を洗い出すときは，過去に経験した事象について報告されたアクシデント・レポートやインシデント・レポート等のデータベースを用いることができる。一方，未だ経験しない隠れた潜在リスクを対象にリスク因子を洗い出すときは，イマジナリー・ハザード分析の技法が適用できる。これはリスク因子の存在を経験に基づき想像で探り出す技法である。

また，リスク因子を顕在化させるに至る直接原因ならびにその原因発生の引き金になった背後に隠れた潜在要因を分析するに際してはVTA (Variation Tree Analysis)，なぜなぜ分析の技法が適用できる。

「リスク推定」の作業においては，リスクの発生のしやすさ，結果の重大性を推定する。リスク発生の頻度，被害の大きさを推定する際には，科学的に推算するか，または，主観的に推定する方法がとられる。

科学的に発生確率を推算する技法については『海の安全管理学』（井

受け入れ不可	見直し必要	受け入れ可	事態の深刻さ　被害の大きさ				
			致命的 A	極重大 B	重大 C	軽微 D	無視可 E
発生の頻度 確率	極めて多い	5	5A	5B	5C	5D	5E
	比較的多い	4	4A	4B	4C	4D	4E
	少ない	3	3A	3B	3C	3D	3E
	まれ	2	2A	2B	2C	2D	2E
	極めてまれ	1	1A	1B	1C	1D	1E

図９　リスク・インデックス表の例示

上欣三著，成山堂書店，初版平成 20 年 10 月）第四章《危険度レベルを予測する》を参照されたい。船の航行中の衝突確率，乗り揚げ確率，錨泊中の走錨確率，停泊中の係留索破断確率等を推算する方法を例示し，解説している。

一方，専門的な科学的推算によらず主観的に見積もる方法としてリスク・インデックスを用いる方法がある。図９は，その際に用いられるリスク・インデックス表を例示している。使い方は極めて容易である。縦軸において事故の発生のしやすさを主観的に推定，横軸において事故が顕在化したときに予想される被害の大きさを感覚的に想定して，両者の組み合わせをもってそのリスクの大きさとするものである。ただし，リスクのシビアさの順序関係を視覚的にわかりやすくする意味で赤色，黄色，緑色で分類したランクの色分けについては，評価者が携わる業務の性質に応じて適宜変更を加えても差し支えない。

「リスク評価」の作業においては，推定されたリスクの重要性の順序関係を基に排除対象とするリスク因子を選択する。どのリスク因子を排除対象にするかについては，客観的，または，主観的に推定されたリスクの大きさの順序関係を基にその優先度を判定して重要なものから選択するなど，ただやみくもにではなく可能な限り科学的な態度でリスク評価に取り組むことが望まれる。

「対策立案」の作業においては，選択された排除対象のリスクを顕在化させないための対策を考える。その際 M-SHEL モデルに基づく対策立案の方法が適用できる。M-SHEL モデルに基づく対策立案の方法とは，なぜなぜ分析からあぶりだされた根源事象を顕在化させないための先取り対策を，M-SHEL モデルの個々の構成要素との関連から立案する方法をいう。

2.2 リスク・マネジメントの仕上げ作業

5つの要素作業が終われば，リスク・マネジメントの最後の仕上げ作業に取り組む。一般には，リスク・マネジメントは⑤の対策立案をもって終了するかのように考えられがちであるが，リスク・マネジメントにおいて基本的に重要なことは，⑤において立案された対策を実際に実行することである。そして，実行された対策が現場・組織・社会に根付きリスク・マネジメントの PDCA サイクルが機能してはじめて完了となる。このように対策案を実行に移す最後の工程を，ここではリスク・マネジメントの仕上げ作業と呼んでいる。

リスク・マネジメントを完遂する上で最も重要なことは，リスク・マネジメントの準備作業から仕上げ作業まで含めて，リスク・マネジメントを完結に導く人材の存在にあるといえよう。リスク・マネジメントを実行し，立案された対策案を実施に導くためには，リスク・マネジメントの本質を十分理解し，リスク・マネジメントの技法を身につけ，そして，実際に対策を実行するためのマネジメント能力を備えた人材の育成が不可欠となる。この役割を担える人材をリスク・マネジャーと呼ぶ。

そして，リスク・マネジャーの育成以上にさらに重要なことは，リスク・マネジャーがその能力を発揮し，リーダーシップを発揮できるための支援体制が，現場・組織・社会に整備されることである。したがって，現場・組織・社会においてリスクを最小化するためのマネジメントが達成できるのは，リーダーシップを発揮するリスク・マネジャーが存在することと，リスク・マネジャーを孤立させることなく，その活動を支える組織的な体制が整っていることである。

リスク・マネジメントの仕上げ作業には，人材育成，支援推進体制の構築のほかに，対策を実効化し日常化する取り組みの実施など手間のかかる問題を伴うようであるが，もし仮に，リスク・マネジメントの仕上げ作業に目をつむり，紙の上に対策が記述できたことをもってよしとするのであれば，それは単に「リスク・マネジメントをやった」という社会的アリバイ作りに過ぎない。本当のリスク・マネジメントは「仕上げ作業」の完遂をもって完了としなければならない。

リスク・マネジャーとは

リスク・マネジメントの重要性を理解し，リスク・マネジメントの技法を身につけ，そして，現場業務，組織運営，社会体制におけるリスクの最小化に向けたマネジメント・プロセスをプロモートできる人材をいう。

在化したリスクと未だ表面化しない潜在リスクを水に浮かぶ氷山の水面上と水面下の部分に見立てて説明することができる。

リスク因子を洗い出す際に，すでに顕在化したリスクに関するデータベースを用いることがよく行われる。これは過去の事例に学ぶリスク因子の発掘法である。この場合は，これまでに直面したアクシデントや実際に経験したインシデントのレポートが活用される。このレポートには通常，どのようなアクシデントやインシデントが発生したかが報告されているので，リスク因子の数々の実例をレポートの蓄積量に応じて収集することができる。このことは，氷山の比喩でいえば，水面上に現れた氷山の一角を対象としたリスク因子の洗い出しに相当する。

リスク因子の洗い出しに際しては，これまでに経験したリスクだけに目を向けるのでなく，未だ経験しない隠れたリスク因子を洗い出すことが求められる。予防安全を実践するには氷山の水面下に隠れた部分から未だ見ぬリスク因子を予測して発掘することが求められている。しかし，この場合にはすでに顕在化した事故に関するアクシデント・レポートやインシデント・レポートのようなデータベースに基づく便利な発掘法はない。未経験のリスク因子の発掘に積極的に対応できる技法としては，イマジナリー・ハザード分析がそれにあたる。

3.3 イマジナリー・ハザード分析

イマジナリー・ハザード分析は，未だ見ぬ未知の世界に潜在するハザード（リスク因子）を洗い出すためのもので，端的に言えば，業務の経験を通じてリスクのタネを想像で探り出す方法である。

現場・組織・社会で活動する一人ひとりの個人はそれぞれ異なった知識や業務経験をもつ。実際に直面しないまでも過去の知識や経験に照らして考えれば，関連する業務・活動の中にどんなリスクのタネが潜むかについて何か思いあたるものがあるのではないか，また，過去の業務の中にヒヤッとした経験，ハットした思い，気に掛かっていること等，何かしらリスクのタネに行き着くものを感じるのではないか，イマジナリー・ハザード分析はこのような気付きに基づくリスク因子の発掘法である。

図 11 は，イマジナリー・ハザード分析を実施する際に使用される表形式の記入用紙を示している。この分析への参加者は，個別に，または，グループ単位で，関連する業務・活動に存在するであろうリスク因子を思いつくままに列挙する。思いあたるリスク因子は表の「業務・活動に潜むハザードの特定」の欄に記入する。

ついで，そのリスク因子が何かの拍子に顕在化したと考えて，その後

（経験から想像でリスク因子を発掘）⇒（顕在化後の推移を想像で記述）				実施日：	年	月	日
業務・活動に潜むハザードの特定	結果として起こる状況	事故の態様	対応策	発生の頻度	事態の重大さ	評価レベル	備考

図 11　イマジナリー・ハザード分析表

における事故の連鎖シナリオを想定し，表の「結果として起こる状況」の欄に記入，そして，考えられる事故の結末を「事故の態様」の欄に記入する。さらに「対応策」の欄には考え付く対策を思いあたる範囲で記入すればよい。

この分析の成果は，分析参加者の経験や知識に基づく想像能力に依存するものであるが，こうして完成したイマジナリー・ハザード分析表は，未だ経験しない隠れたリスク因子発掘の成果であるとともに，洗い出したリスク因子が顕在化した後の推移と結末ならびにそのリスク因子を顕在化させないための事前の対策立案までを整理したデータベースでもある。

したがって，イマジナリー・ハザード分析表は，顕在リスクを対象としたアクシデント・レポート，インシデント・レポートのデータベースと同じように，潜在リスクを対象としたデータベースとして活用することができる。

4. 直接原因と潜在要因の分析

4.1 責任追及型から対策指向型へ

リスクを顕在化させるに至った原因・要因を分析する際に最も戒められねばならないことは，分析の矛先が「誰が悪いか」に向けられることである。これまで多くの場合事故や不具合が発生すると「誰が悪かったのか」を追求し，当事者を罰して一件落着とするやり方が多かった。本来，事故防止においては「責任追及型」の犯人探しの姿勢ではなく，

「何が悪いか，何が不足していたのか」を探りあて，それに対して対策の手を打つ「対策指向型」の分析を行う姿勢に立たなければ意味がない。

事故の発生防止，再発防止においては，当事者よりむしろ背後にある組織的，環境的要因の分析にメスを入れ，事故が発生するに至った直接的な原因とその原因発生の引き金となった背後に隠れた潜在要因を分析してこそ，事故の根源に立ち返った安全対策が可能となる。これこそが予防安全の基本である。

4.2 Variation Tree Analysis（VTA）

事故が発生すると，まず，何がどのように進展して事故に至ったか，その顚末を明らかにし，そして，その後に事故の原因を解明するという順序で分析が進むことになる。ここでは，事故の顚末を明らかにしながら同時に事故発生の直接原因とその背後に隠れた潜在要因を探ることのできる手法として Variation Tree Analysis（VTA，変動の木分析）を紹介する。

Variation Tree Analysis（VTA）では，事故が発生するに至る経緯を時系列に整理し，その中で本来あるべき状態に反した行動や本来あってはならない状況や事象に着目しながら，関係する人，組織，環境条件などに焦点をあてて事故発生の直接的な原因，潜在的な要因を探ることになる。

Variation Tree（VT）は，基本的には縦軸に時間経過をとり，横軸に関係者，関係組織，環境要因などを並べ，横軸に配した関係要素の発話，行為，動作，操作，状態などを時間経過を追ってボックス内に記述する。このボックスを「通常ノード」と呼ぶ。とくに，そのノードの内容が，本来あるべき行動や状態から逸脱した行動や状態だったと考えられる場合，これを「変動ノード」と呼び通常ノードと区別する。変動ノードのうち，もしその内容が排除されていたなら事故へのきっかけにならなかったかもしれないと判断される場合，このノードを「排除ノード」とする。また，時間経過の中でこの連鎖を切断すると事故に直結しないと考えられる個所に破線を引く。これを「ブレイク」と呼ぶ。

次ページに示す図 12 は，「倉庫における荷出し作業中，現場に脚立が準備されていなかったことから，罹災者がフォークリフトで作業中の同僚に依頼し，フォークリフトを脚立代わりに用いた結果の出来事」を例に Variation Tree（VT）の作成例を図示したものである。

図 12 の例からは，この事故の直接原因は，破線で示されたブレイクの個所に見られるように「作業員 A がフォークに乗ったこと」である。そして，この行為を生むに至った背後に潜む潜在要因は，図中に排除ノードとして示したように「脚立が見つからなかったこと」，そして，「作業員 A の依頼を OK した B の行動」にあると推察することができる。

Variation Tree（VT）を基にした分析では，このように直接原因のありかを探ることも可能であるが，それよりむしろその背後に隠れた潜在要因の存在を推定することができる点で活用の意義は大きい。事故発生の直接原因の背後に隠れた潜在要因を探る際に，その対象となるのは排除ノードに記述された事項である。

4.3 なぜなぜ分析

なぜなぜ分析とは

Variation Tree（VT）の排除ノードに着目することによって潜在する要因の糸口を見出すことは可能であるが，事故の根源に立ち返って予防

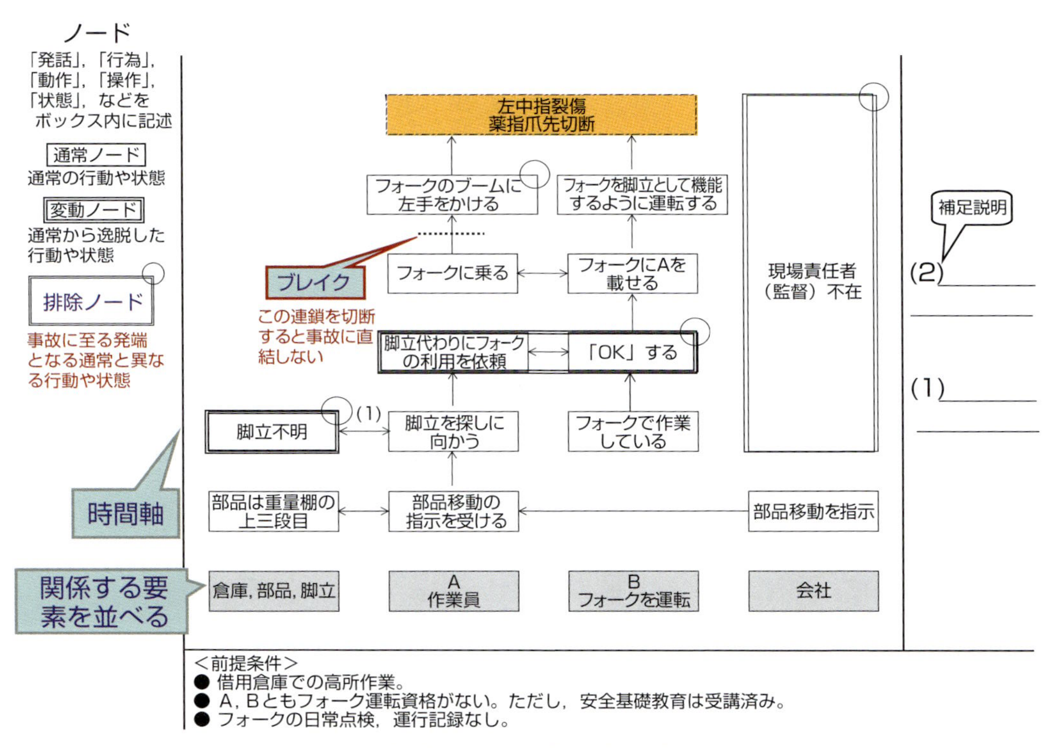

図 12　VariationTree の作成例

的な安全対策を考えるという基本を踏まえれば，さらに根本的な背景や要因をあぶりだすことが重要となる。そのとき活用できる手法として，なぜなぜ分析（Analysis to lead to the root cause）がある。

なぜなぜ分析では，Variation Tree（VT）で明らかになった各種排除ノードに焦点をあて，それらがなぜ起こったのか，なぜそうなったのかをその背景にまで踏み込んでさらに深く分析の光をあてる。そして，排除ノードから見出した潜在要因のさらに背後に隠れている要因や事象が明らかになるまで「なぜ？なぜ？」と分析をすすめる。このような事故の背景となった根源事象をあぶりだす分析のプロセスをなぜなぜ分析という。

倉庫事故に関するなぜなぜ分析の例

図13は，倉庫における荷出し作業中の事故を対象に作成したVariation Tree（VT）において，着目された排除ノードに対しなぜなぜ分析を適用し，その隠れた背景とともに根源事象をあぶりだした結果を例示している。図の最も左側はVariation Tree（VT）から抽出された潜在要因であり，図の最も右側はそのような潜在要因を生み出す元となった根源的な事象に対応する。この図における各ブロックの横方向へのつながりからは潜在要因を生み出す背景となる事象の因果関係を読み取ることができる。また，縦方向のならびからは複数の事象が絡む様子を見ることができる。

倉庫事故をテーマにした分析からは，倉庫内業務にどのような危険が潜在するかといった現場の状況への無関心，そのような危険の存在を想定した規則やマニュアルの欠陥など，安全管理面での意識・姿勢の貧弱さが推定される。また，従業員による規則遵守の姿勢や危険への感受性の欠如，チーム・ワークを活用した安全に向けた行動への意識の欠乏

脚立が不明だったのは，なぜ？

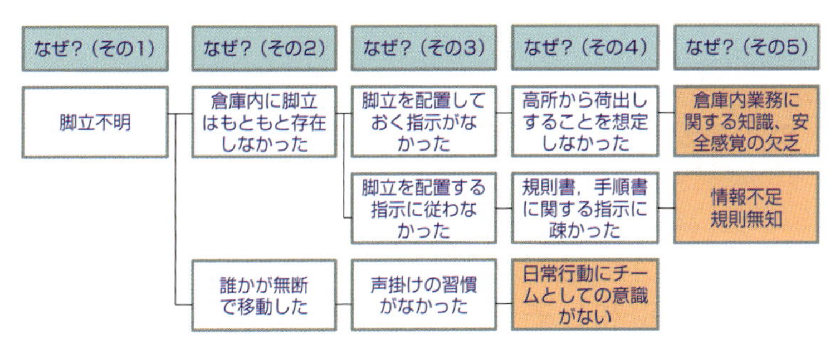

作業員Aの依頼をBがOKしたのは，なぜ？

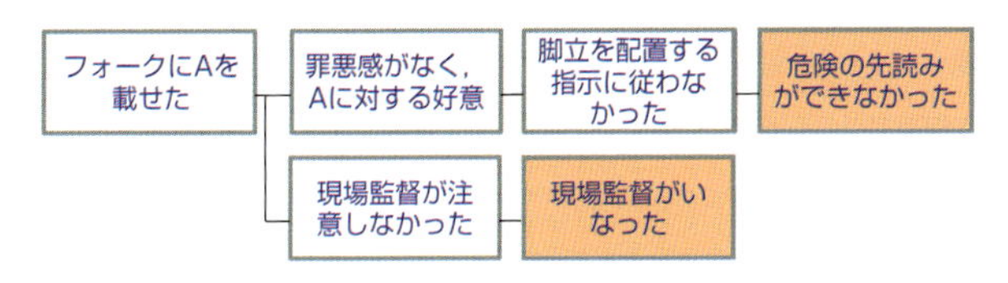

図 13　倉庫事故におけるなぜなぜ分析の例

等々，Variation Tree（VT）では明らかにならなかった隠れた要因が浮かび上がる。

なぜなぜ分析で陥る危険

事故の発生には人間の行動が絡むことが多いことから，原因が当事者の行動に帰結しがちである。したがって，その原因や要因になぜなぜ分析を適用すると，往々にして当時者の意識の欠乏とか技量の不足といった個人的な問題に根源事象を求める傾向に陥りやすくなる。

このことはすでに責任追及型の分析に迷い込んだにほかならない。このような当事者個人に矛先を向けた分析よりむしろ組織的，環境的要因に目を向けた対策指向型の分析こそが事故の根源に立ち返った予防安全の実施には有効である。

5. 先取り対策の立案

5.1 M-SHEL モデルに基づく対策立案

リスク・マネジメントにおける5つの要素作業の5番目は，あぶりだされた根源事象に対して対策案を見出すことである。そのとき活用できる手法としてM-SHELモデルに基づく対策立案の方法がある。

M-SHELモデルは，1975年にヒューマン・ファクターを表現するモデルとして提案されたSHELモデルが始まりで，S（Software，ソフトウエア），H（Hardware，ハードウエア），E（Environment，環境），L（Liveware，人間）が基本的な構成要素となっている。その後種々改良が加えられ，いまでは各要素との関係を全体的観点から良好に調整する視点も重要との観点から，M（Management，マネジメント）が加えられ，M-SHELモデルと呼ばれるようになっている。

M-SHELモデルの個々の構成要素は，図14に取りまとめたような関係要素をイメージするとよい。

M，S，H，E，Lの5つの構成要素は，現場・組織・社会における業務や活動が関わる関係要素を広く網羅しているので，例えば図15に取りまとめたようなM-SHELモデルの個々の構成要素との関連の視点から安全対策を立案することにより，ひろい視野から総合的に対策立案の眼が行き届く利点がある。

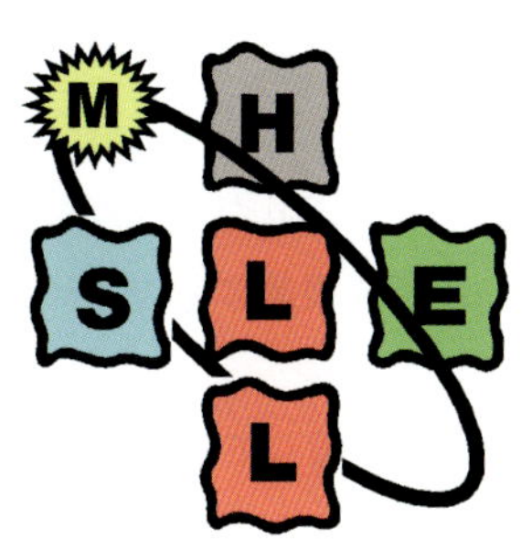

	M-SHELの構成要素とその関係要素
M	Management 統治機構,組織体系,管理体制など
S	Software 規則,作業手順,作業指示の内容など
H	Hardware 作業に使われる道具,機器,設備など
E	Environment 明るさ,騒音,温度,湿度,作業空間など
L	Liveware 人間,関係者,上司,部下,同僚など

図 14　M-SHEL モデルの構成要素と関係要素

M	業務管理，情報管理，安全管理，工程管理，時間管理，設備管理，保安管理，現場の状況管理，業務に必要な人員の確保，勤務時間割
S	マニュアルの理解，作業手順の遵守，作業内容の理解，対策の理解，機器動作原理の理解，作業習熟，安全教育の実施，社員教育の実施，企業ポリシー・企業責任・コンプライアンスの理解
H	機材の整理整頓，設備の整理整頓，工具など道具の整理整頓，機材の性能，機材の整備状況，コンピュータなど電子機器の配置，コンピュータの機能性の確保，建物・設備などの機能や使い勝手
E	作業環境：天候，雨，雪，風，霧，凍結，視界，明るさ，騒音，温度，湿度 職場の雰囲気：安全風土，士気，活気
L	健康状態：疲労，考え事，悩み，不安，ストレス，睡眠不足，家庭の事情，薬剤の副作用，空腹，性格，経験，能力，適性，業務姿勢，態度
L - L	人間関係：チームメイトとの関係，上司・部下との関係，顧客との関係 意思疎通：情報の共有，認識の共有，目標共有，問題共有，引継ぎ，作業指示，職場内おける技術継承，知識継承，意識継承

図 15　M-SHEL モデルによる対策立案の視点の例

5.2 倉庫事故における対策検討例

図16は，倉庫における荷出し作業中の事故からあぶりだされた根源事象に対する対策を，M，S，H，E，Lの５つの構成要素に基づく対策立案の検討結果として取りまとめたものである。

最上段の欄にはVariation Tree Analysis（VTA）を通じて見出された潜在要因を記入する。この際，複数の潜在要因に対しては複数の記入用紙を用いてもよい。第二段目にはなぜなぜ分析を適用して個別の潜在要因に対してあぶりだされた，潜在要因のさらにその背後に存在する隠れた根源事象をM，Ｓ，Ｈ，Ｅ，Ｌの各構成要素との関連から再度整理し

VTAの結果による潜在要因	倉庫に脚立がなかった 作業員Aの依頼をBがOKした				
	M	S	H	E	L
なぜなぜ分析からあぶりだされた潜在要因の背後に隠れた根源事象	倉庫内業務に関する安全感覚の欠乏 現場監督がいなかった	倉庫内業務に関する安全知識の欠乏 情報不足規則無知	倉庫内に脚立はもともと存在しなかった		日常行動にチームとしての意識がない 危険の先読みができなかった
対策企画立案	倉庫内業務に潜む危険を理解し，安全確保に関する調査を実施する 現場監督の常時配置	倉庫内業務に関する危険を洗い出し，得られた知識を安全規則に反映 マニュアル，指示書等を作成，従業員に周知	高所からの荷出し作業を想定して現場に脚立を常置する		チームワーク育成のための安全研修を実施する 危険に対する感性を磨くための意識研修を実施する

図16　M−SHELモデルに基づく対策立案の例

て記入する。

そして，最下段にはそれぞれの根源事象に対して立案した安全対策を記入する。倉庫事故の背後に隠れた根源事象に対して検討された予防安全への施策例を図16から以下に概観する。

①M-SHELのMに関連して；管理部門においては，倉庫内業務にどのような危険が潜んでいるかを理解し，そこでの安全確保にどのような対策が必要となるかについて十分な調査を実施することが重要であり，作業中の現場には必ず監督を配置するよう心がけることは最も基本的な予防安全対策である。

②M-SHELのSに関連して；倉庫内業務にどのような危険が潜在するかを洗い出した結果から得られた知識を安全規則に反映するとともに，この種の事故の再発防止に向けたマニュアルや指示書等の書き換え，または，新規作成を行い，従業員に周知することは重要な対策となる。

③M-SHELのHに関連して；倉庫内においては保管貨物を天井近くまで高く積み上げることが多いことから，高所からの荷出し作業が度々必要になることを想定して，現場には脚立を常置することが基本的な対策となる。

④M-SHELのLに関連して；倉庫内において一緒に作業するほかの作業員が人は人，人の作業に我関せずではなく，互いに業務を共有する意識を高め，チームワークを育むための安全研修を実施する，また，作業員の危険に対する感受性を磨くための意識研修を実施する，といったことは根本的な安全対策である。

第三編

現場の
リスク・マネジメントを
考える

1. 個人が生み出すリスクをマネジメントする

潜在するリスクを顕在化させないための事前の対応がリスク・マネジメントの実践目標である。航空，船舶，鉄道，自動車，工場の操業，医療の提供など物事が安全に実行されてはじめて業務が成り立つ組織においては，現場で行われる作業に潜むリスクの顕在化を極力抑える取り組みが欠かせない。

安全が業務の核となる組織の現場作業においては，必ずと言ってよいほどに人間の行動が介在する。人間が関わる作業においてはヒューマン・エラー（Human error）が付いて回る。このようなヒューマン・エラーは業務遂行の過程において人間が生み出すリスクである。しかしながら，ヒューマン・エラーは，人間がもつ固有の特性に由来することから「人間が関わる限りヒューマン・エラーの発生は避けられないもの」とされている。不注意，怠慢，横着などは人間の持ち合わせた特性であり，また，人間の能力や集中力には限界があることからすれば，これらのヒューマン・ファクター（Human factor）に起因するヒューマン・エラーは不可避のものと考えなければならない。

現場に潜在するリスクは物理的なものと人為的なものに大別できるが，このうち設備の不良や機器の不具合などに起因する物理的なリスクは人類の知恵と技術の進展とともに，その発生率は減少すると期待できる。しかし，個人が生み出すリスクについては，「人間が関わる限りヒューマン・エラーの発生は避けられない」とされる限りは，その発生率の減少はおよそ期待できない。その意味からも，現場の安全に向けたリスク・マネジメントにおいては，その取り組みは個人が生み出すヒューマン・エラーに起因するリスクを最小化するマネジメントの実践に重点が置かれなければならない。

2. ヒューマン・ファクターズの視点

2.1 ヒューマン・ファクターズとは

ヒューマン・エラー発生のリスクは完全に取り除くことはできない。しかし，それを起こりにくくするための手立ては取ることができる。ヒューマン・エラーは，人間がもつ機能特性や能力の限界に起因するものであることから，ヒューマン・エラーを減らす手立てを講じる上では，ヒューマン・ファクターズ（人間工学）の視点からの検討が重要となる。

ヒューマン・ファクターズとは，人間の機能特性に関する心理学や生理学などの分野の知見を，より安全性の高いシステムの構築や人間にとって快適な環境設計に役立てようとする学問である。第二編第5章ではM-SHELLモデルに基づく事故防止対策の立案の考え方を紹介した。M-SHELLモデルの中心には，人間（L, Liveware）が置かれている。M-SHELLモデルに基づく対策立案においては，当事者である人間の機能特性と，ソフトウェア（S, Software），ハードウェア（H, Hardware），環境（E, Environment）との整合をとるためにはどうしたら良いかを考え，また，周囲の人間（L, Liveware）との連携を上手く図るにはどのようにしたら良いかを考える。すなわち，事故防止対策を考える上では，人間の機能特性に関する理解が欠かせない。

2.2 ヒューマン・エラーの発生

人間の機能特性や能力の限界には，どのようなものがあるか。図 17 は，人間が外界から刺激（情報）を受け，行動を取るまでの流れを簡略化して示したものである。人間は外界から目や耳などの感覚器を通して情報を受けとる。対象物の存在の有無，色や形，動きを特定する感覚・知覚レベルの情報処理を経て，記憶のデータベースと照合して，それが何か，どのような状況にあるかを認識して判断を下し，その判断の下で意思決定し，行動に移す。

それぞれの段階において，人間の情報処理特性が作用する。言い換えれば，人間が把握した状況と，実際の行動時の状況に大きな乖離があったときや，求められる行動が身体能力を超えていたり，無理を強いるよ

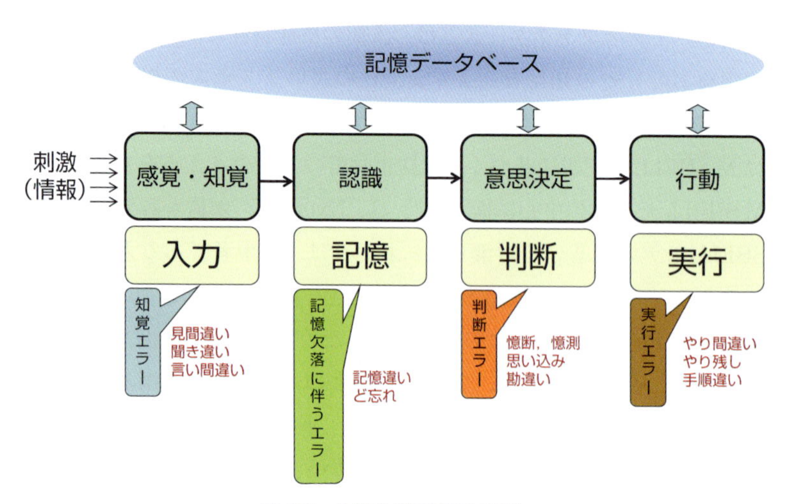

図 17　人間の情報処理モデル

うな場合に，ヒューマン・エラーが起こりやすくなる。

2.3 人間の機能特性の例

視覚機能特性

（1）暗順応

人間の視覚機能特性として，多くの人が思い浮かべる現象の一つに「暗順応」がある。夜間，照明を消した直後は周囲がほとんど見えないが，時間の経過とともに見えてくる。このとき，完全に暗順応するためにはどのくらいの時間が必要か。暗順応にかかる時間は，それまで見ていたものがどの程度明るかったかといったことにも影響されるが，一般に完全に暗順応するまでには30分程度かかると言われている。そこまで長く時間はかからないというのが多くの人の実感かもしれないが，これは暗順応の過程が二段階に分かれているからである。たしかに照明を消して7分程度である程度のものが見えるようになるものの，その時点では暗順応はまだ完了していない。その後更なる時間の経過とともに光に対する感度が高くなり，よりよく周囲が見えるようになってくる。そのような状態になるまでにおよそ30分かかるというのである。暗所での作業が必要な場合は，こうした特性を踏まえた上で，作業開始前に余裕をもって現場に到着し，眼を暗さに順応させておくことが求められる。

（2）色残像

明るさ（暗さ）に対する順応についてはよく知られているが，同じ色を見続けるとその色に順応し，同じような色に対する感度が低くなり，逆に反対色（赤—緑，青—黄色）に対する感度が高くなるという現象もある。ある色をじっと見続けた後に白い壁を見ると，白いはずの壁がその色の反対色に見える。これは色に対する順応に伴い生じる心理現象の一つで，色残像と呼ぶ。

例えば，手術中に血液の赤色を見続けたときにその反対色である緑色の影のようなものがちらちらと見えることがある。これも色残像の例である。こうした残像は手術者には視界の妨げとなるが，反対色の緑色が眼に入るようにするとそういった現象を抑える効果があることから，手術者は緑色の着衣を着ることが多い。このような対応も人間の機能特性を念頭においた安全対策の一例である。

（3）視野の機能特性

人間の視覚機能に関連して，視野の中心部分（中心視野）と周辺部分（周辺視野）では機能が異なるという特性がある。中心視野は空間分解能に優れ，ものの詳細な形や色の情報を把握できるが，周辺視野だけでものを捉えるときには，そうした情報を得ることはできない。

一方，周辺視野は，動きや時間的な変化に敏感であるという特性がある。例えば，離れたところから手を振っている人がいるとき，そちらに視線を向けなくても，その動きからその存在に気付くことができる。その後に，そちらに視線を動かして，それが知り合いかどうかを確認するといったように，人間は無意識のうちにその特性に沿った行動を取っている。

ふだん人間は，左右の両眼で広い範囲が見えているつもりになっているが，実は視野の周辺部分に見えるものは，その詳細な形や色は見えていないことが多い。こうした視野の機能特性を理解していれば，例えば自動車を運転しているときなど，周辺に注意すべき人やものがないかを視線を左右に動かして確認したり，慣れている作業時においても指差し確認によって，その対象にしっかり視線を移して見ることが重要なことがわかるはずである。

マジカルナンバー

人間が一度に処理できる情報は限られている。これは認知心理学の古典的な研究課題であり，中でも，1956年にミラーが提唱した「人間が短期記憶できる情報は7を中心に，5〜9程度」とする「マジカルナンバー7±2」は一般にもよく知られてきた。しかしながら，その後の研究により，現在では「マジカルナンバー4」が定説となっている。つまり，人間が短期記憶できる情報は3ないし4，せいぜい5つ程度である，ということである。

こうした知見はわかりやすい情報提示に応用できる。例えば，電話番号は，03-1234-5678や090-1234-5678のように，最大でも4つの数字のかたまりにわけて記載される。0312345678や09012345678と比べて，明らかに前者の方が認識しやすい。このようにヒューマン・ファクターズの視点に立った直感的にわかりやすい表示方法や操作方法の導入，わかりやすいマニュアルや効果的な指示のあり方などの工夫はエラーの発生防止につながる。

加齢による機能特性の変化

人間の機能特性には個人差があり，また，性別や年齢，作業への熟練度など，その人の属性によっても異なる傾向が見られる。とくに近年においては，加齢による機能特性の変化を踏まえた環境整備や安全対策が重要になっている。

成人の身体機能は加齢に伴い低下する。視覚については，視力や焦点調節の機能低下が起こり，水晶体が白濁化することによって若いときに比べて照明が暗く感じるといった変化が起こる。聴覚についても，とくに高い周波数の音に対する感度が低下し，高音を聞き取れなくなるといった変化が起こる。すなわち，かつては見たり，聞いたりできていたものが，高齢になると見えないし，聞こえないということが起こる。

こうした機能低下が事故要因になるおそれがあるような業務においては，高齢の労働者の身体機能を把握し，必要な対策を講じることが求められる。高齢者が，これまで培った経験や知識という強みを生かし，安全で快適な環境で活躍し続けるためには，こうした加齢に伴う機能変化に注意を向けながら安全対策を練る必要がある。

2.4 ヒューマン・エラーとリスク・マネジメント

事故が起きたとき，「原因はヒューマン・エラー」とする報道に触れることが度々ある。しかし，ヒューマン・エラーを直接原因の根元事象として一件落着とすることは，責任を現場の個人に押し付けるだけになりかねず，それでは有効なリスク・マネジメントは達成できない。ヒューマン・エラーが関わるリスク・マネジメントの目的は，なぜヒューマン・エラーが生じたのかを，周辺環境との整合性やシステムのあり方に目を向けながら分析し，合理的な対策をたてて最大限の安全を確保することにある。

「原因はヒューマン・エラー」と片づけるだけをリスク・マネジメントと考える限りにおいては，また，現場の個人に責任と犠牲を強いるような決着のつけ方では，リスクを最小化する上で根本的な解決につながらないばかりか，リスク・マネジメントそのものが現場で敬遠され，その実践が阻害されることになりかねない。ヒューマン・ファクターズの分野では，ヒューマン・エラーを事故の“原因”として捉えるのではなく，人間の機能特性と環境の不整合の“結果”として捉える。どこに不整合があるのか，またそれを解消するためにどのような対策を講じたら良いかを検討することが，現場におけるリスク・マネジメントの勘どころと言えよう。

3. 現場業務の安全に向けた取り組み

3.1 ハザード・マネジメントとエラー・マネジメント

ヒューマン・エラーとは「意図せずして生じる人為的過誤や失敗」のことと定義され，往々にして事故や災害など不本意な結果を生み出す原因となることが多い。しかしながら，人間の特性として一人の人間の肉体的，精神的能力には限界があり，どんなに注意深い慎重な人であってもエラーを起こすとされている。例えば，見間違い，聞き間違い，言い間違い，記憶違い，うっかり，ど忘れ，憶断，憶測，思い込み，勘違い，やり間違い，やり残し，手違い，手順違いなどは身近な例として身に覚えがあるエラーといえよう。

ヒューマン・エラーなど人為的要因が関係する事故は全体の7割から8割にも及ぶと言われる。そのような中，安全が業務の核となる組織における現場のリスク・マネジメントに際しては，その取り組みはヒューマン・エラーに起因するリスクを最小化するマネジメント対応が中心となるのは必然である。その意味からは，ヒューマン・ファクターに基づくヒューマン・エラーの発生を極小化し，ヒューマン・エラーが発生したとしてもそれを事故に結び付けない取り組みに焦点をあてたリスク・マネジメントの実践が望まれる。

図18は，神戸大学バージョン・リスク・マネジメント研修プログラ

ムにおける現場向けリスク・マネジメントの研修内容を図解したものである。このプログラムは，個人が生み出すヒューマン・エラーを極力減らすための努力のありようを学ぶハザード・マネジメント（Hazard management）研修，生じたエラーを事故に結び付けないための取り組み方を学ぶエラー・マネジメント（Error management）研修，そして，直面しつつある危機を回避するためのレジリエンス・マネジメント（Resilience management）研修で構成されている。

このうちレジリエンス・マネジメント研修は，直面する危機から脱出し安全を回復するための対応能力を培うための技術錬磨の色合いが濃く，いわば当事者の個人的レジリエンス能力の向上を目指したテクニカル・

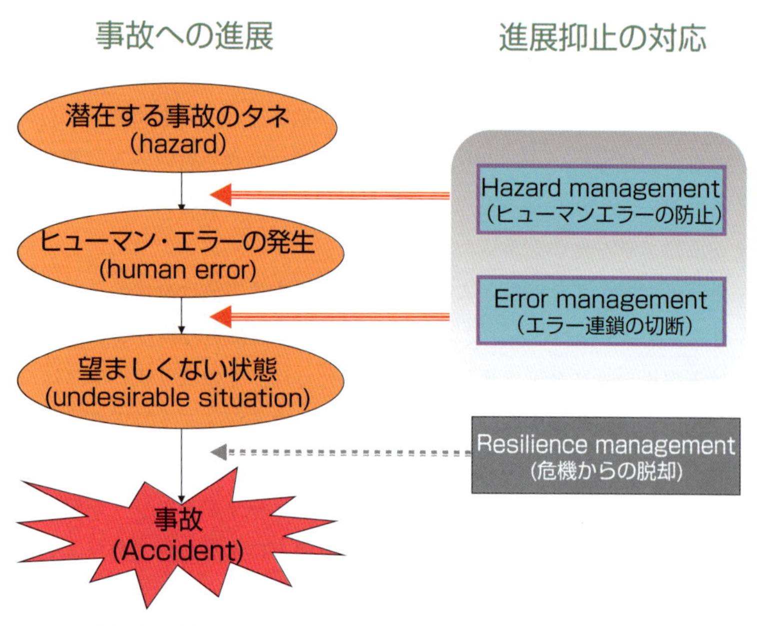

図 18　現場のリスク・マネジメントに適応するマネジメント手法

スキル研修である。一方，ハザード・マネジメント研修は，ヒューマン・エラーの発生防止を目的としたチームとしての意識・行動のあり方を学び，また，エラー・マネジメント研修は，生じたエラーを事故に結び付けないようにエラー連鎖を切断するためのチームとしての意識・行動のあり方を学ぶ，いわばノン・テクニカル・スキル研修である。

したがって，現場の予防安全に主眼を置いたリスク・マネジメントの実践に対しては，ハザード・マネジメントとエラー・マネジメントの，この二つのリスク・マネジメントの取り組みについて理解することが望まれる。

3.2 チーム力の活用

チーム力を活用したリスク・マネジメント

ハザード・マネジメントとエラー・マネジメントのそれぞれの取り組みでは，いずれもチーム力の活用を重要視している。ヒューマン・エラーに起因するリスクを対象としたリスク・マネジメントにおいては，個人が生み出すリスクに対し周りの人間が協力してリカバリーする対応が欠かせない。ヒューマン・エラーが発生する際には，現場の個人は自分自身のヒューマン・エラーに気付かないし，気付けないのがふつうである。そのとき生じたエラーに対処できるのは周囲の人たち，つまり，チーム・メンバーの存在である。生じたヒューマン・エラーにチームの誰かがいち早く気付き，チームのみんなが力を合わせてエラー連鎖による事故への接近を断つ，これがチーム力を活用したマネジメント対応の発想である。

ハザード・マネジメント

ハザード・マネジメントはヒューマン・エラーの未然防止を目的としたリスク・マネジメントの具体的アクションである。これから行う作業の裏側に潜む危険を事前に把握し，それをチームで共有して，チームの力でヒューマン・エラーの発生防止に備えることが行動のキーポイントである。具体的には，これから従事する作業にどんな危険が潜んでいるかをチーム・メンバーが事前に検討し〔危険予知〕，考えられるエラーのタネを洗い出してメンバー間で共有する〔情報共有〕，そして，想定されたエラーの発生可能性に対してチームとしてどう対処するかを話し合い〔対策立案〕，コミュニケーションとチーム・ワークでエラーのタネを芽吹かせないように行動する〔問題解決〕。これを実践することがハザード・マネジメントである。

内容的にはいわゆるKY（危険予知）活動としてよく知られているが，このとき重要なことは，ヒューマン・エラーの発生は仕方がないと諦めることなく，ヒューマン・エラーの発生をチーム力で未然に阻止しようとする意識と行動のありようを理解して実践することである。つまり，ハザード・マネジメントの実践は，チーム力を活用したマネジメント対応の発想に基づいている。

エラー・マネジメント

エラー・マネジメントは，人間が介在する限りヒューマン・エラーは必ず起こり得るものと認識した上で，チーム全体で業務に発生するエラーにいち早く気付き，生じたエラーの連鎖を切断し，エラーを事故につなげないための具体的アクションである。そして，ハザード・マネジメントと同様，エラー・マネジメントの実践も，チーム力を活用したマネジメント対応の発想に基づいている。これらハザード・マネジメントとエラー・マネジメントの二つのリスク・マネジメントに取り組むためには，ヒューマン・エラーが生み出すリスクにチーム力を活用して対応するリスク・マネジメントの思想を理解し，そして，その思想を行動に反映するための行動スタイルの理解が必須となる。

チーム・リソース・マネジメント（TRM）

ヒューマン・ファクターとヒューマン・エラーの関連から見てエラーをしない人間はいないとなれば，人間が関わる作業においては，ヒューマン・エラーは必ず起きると認識すべきである。そうであるなら現場のリスク・マネジメントにおいては，ヒューマン・エラーを事故に結び付けないようにみんなで力を合わせてチーム全体で安全を補完する努力が必要となることは論をまたない。このような個人が生み出すリスクにチーム力を活用して対応するための考え方と行動のあり方を体系化したものがチーム・リソース・マネジメント（TRM：Team Resource Management）である。

チーム・リソース・マネジメント（TRM）は「人的リソース，機器リソース，情報リソースなどすべての利用可能なリソースを効果的に活用し，チームが力を合わせて安全で質の高い業務を達成すること」と定義できる。このチーム・リソース・マネジメント（TRM）の思想は，1976年にアメリカのNASAが航空機のコックピット内での操縦作業を対象として行った大規模なシミュレータ実験を契機に発展してきたものであるが，航空機，船舶，鉄道，自動車などを含むあらゆる乗り物の運航・管理・運転といったチーム作業，工場や医療現場などにおけるチーム連携，現場から管理者まであらゆる階層で構成されるチーム業務等々，作業の場や作業の内容が異なっても学ぶべきことは共通して「リソースとチーム力を活用したエラーのリスク・マネジメント」である。

チーム・リソース・マネジメント（TRM）は，あらゆる組織，あらゆる業務に共通したチーム力に基づく危機管理の根幹思想を体系化したものである。チーム・リソース・マネジメント（TRM）の思想を航空機の操縦作業に即して実践するとき，それをコックピット・リソース・マネジメント（CRM：Cockpit Resource Management）と呼び，船の船橋業務に即して実践するとき，それをブリッジ・リソース・マネジメント（BRM：Bridge Resource Management）と呼ぶように，チーム・リソース・マネジメント（TRM）の思想は，ある定まった分野での活用に限らず，いまではあらゆるチーム作業の基礎をなす思想として活用されている。

TRM スキルの精神

ハザード・マネジメントの実践もエラー・マネジメントの実践も，現場におけるリスク・マネジメントのバックグラウンドをなすのはチーム・リソース・マネジメント（TRM）の思想である。ヒューマン・エラーに起因して生じるリスクのマネジメントをチーム・メンバーの協力の下で機能させるためには，チーム・リソース・マネジメント（TRM）の基本思想とこの思想の下での行動のあり方をチーム・メンバーの一人ひとりに浸透させる必要がある。それを手ほどきするガイドラインがTRM スキル（TRM skill）である。

TRM スキルの全体を貫く精神の第一は，チーム力を活用してマネジメントを実践する姿勢である。そのために心得るべきことは，計画共有，認識共有，問題共有，情報共有の四つの共有である。まずチームとしてどういう目標に対し何をどう行うのか，その計画目標をチーム全体で共有し，いま何が起こっているのかどういう状況にあるのか，その現況に関する認識を共有し，このままで問題ないかどうか問題があるとするなら何が問題か，その問題点を共有する。これらの内容は一人で納得するだけでよいわけはなく，チーム・メンバー全体で共有しみんなが納得してはじめてチーム力が発揮できるのである。このとき，チーム全体が同じ計画，同じ認識，同じ問題を共有するために不可欠なものが情報である。チーム全体が同じ情報を共有してはじめてチームの連携が成り立つと考えてよい。このプロセスを経ずしてチーム力の確立もマネジメントの実践もない。

TRMスキルの全体を貫くもう一つの精神は，リソースを活用する姿勢である。チーム・リソース・マネジメント（TRM）は，一人の当事者に全体の判断や決断を委ねる“個人力依存”の考え方から，チーム・メンバーの叡智を結集してより高質な判断と解決を得ようとする“チーム力活用”の考え方への発想の転換を促している。大きな権威勾配をもつ上位者独りの判断には，憶断，憶測，思い込みなどに起因する誤判断のリスクが潜むことがよくある。このようなリスクを回避するためには，上位者は，適度な権威勾配の下でチーム・メンバーを束ねながら，周囲の部下や同僚がもつ異なる情報，異なる知識，異なる経験，異なる考えに基づく異なる意見に耳を貸す姿勢をもつことが重要である。

情報をチーム全体で共有し人の意見に耳を傾ける姿勢は，チーム・リソース・マネジメント（TRM）が定義するところの“リソース”の活用そのものである。チーム全体が情報を共有し周囲のメンバーは積極的に意見や考えを進言する。そして，誰もがそれらに耳を貸すことによって，それがヒューマン・エラーから覚醒する格好のチャンスとなり，全体的観点からより良い判断が下せる好ましいチーム環境を作ることにつながる。

TRMスキルの精神は，“個人力依存”の考え方から“チーム力活用”

の考え方への発想転換を促すものである。それと同時に，自分の考えや行動に対して外から口を挟まれることを好まず，また，自分が気付かなかった点を外から指摘されることを恥じる旧来の思想習慣からの脱却を促すものでもある。このように情報を共有し人の意見に耳を傾けることの重要性を説くTRMスキルの精神は，旧来の思想習慣になじむ人間には俄かに受け入れ難い面もないわけではないが，米国の航空界から始まったTRMスキルの精神は，その基本思想が合理的であるがゆえにいまでは世界の常識になりつつある。

4. TRMスキルの手ほどき

4.1 TRMスキルの構成要素

TRMスキルは，メンバーが理解すべきチーム・リソース・マネジメント（TRM）の基本思想を具体的な行動スタイルとして取りまとめたものであり，現場のリスク・マネジメントに必要な意識改革とチームとしての行動のあり方を学ぶためのガイドラインである。

TRMスキルは，図19に示すように，ブリーフィング（Briefing），シチュエーション・アウェアネス（Situation awareness），コミュニケーション（Communication），チーム・ビルディング（Team building），デシジョン・メイキング（Decision making），ワーク・ロード・シェアリング（Work load sharing），デブリーフィング（Debriefing）の7つのスキルで構成される。ブリーフィング（Briefing）はチームとしての計画の共有，シチュエーション・アウェアネス（Situation awareness）

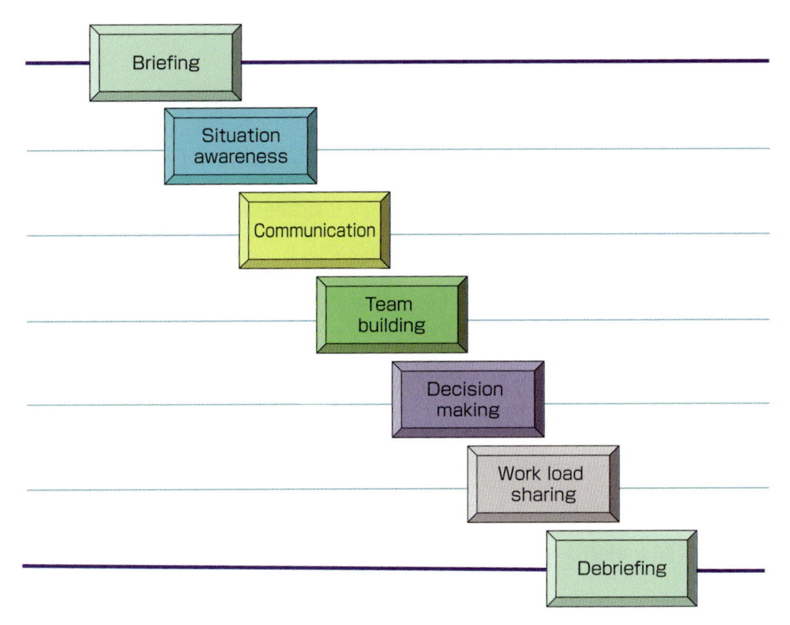

図 19　TRM スキルにおける 7 つのスキル・エレメント

はチームとしての認識の共有を実践するに必要な行動スタイルを，そして，コミュニケーション（Communication）はチームとしての情報共有のあり方，チーム・ビルディング（Team building）はチーム連携を図るための行動スタイルを学び，デシジョン・メイキング（Decision making）はチームとしての問題解決のあり方，ワーク・ロード・シェアリング（Work load sharing）はチームにおける過重な作業負荷の回避，デブリーフィング（Debriefing）は振り返りと反省によるチームとしての PDCA サイクル形成のための行動スタイルを学ぶ。

4.2 ブリーフィング

ブリーフィング（Briefing）は，チーム・メンバー全員が情報を共有し，共通の意図と計画の下，みんなが同じ認識をもち，問題を共有し，手順を一つにまとめるための対話の機会である。一連の作業を開始する前に信頼できる形でタスク情報を伝達し，それをメンバー全員が納得することによって正しい作業の継続が保証される。

チーム・メンバーは，上位の者も下位の者も全員が自分のこととして積極的にブリーフィング（Briefing）に臨み，チームの目標達成に参加する。また，ブリーフィング（Briefing）は，新しい作業の始まりだけでなく，作業中断後の再開時や作業の引継ぎ時にも折に触れ，その都度共通の意図と計画を再認識し，目標と手順を一つにまとめることが望ましい。

4.3 シチュエーション・アウェアネス

シチュエーション・アウェアネス（Situation awareness）は，時々刻々進展する現場の動きについていまはどんな状況か，どのようなリスクが芽吹きそうか，このままで大丈夫か，常に状況を先読みしメンバーの誰もが情報を共有して，メンバー全員が同じ認識に立つための行動スタイルを示唆している。

それは，図20に示すように，常にリスクに対する警戒心を維持しつつ，いま何に注意を払うべきかを常に意識する（警戒心の維持），そして，このままの状態で問題があるかどうか問題の探索を続け，問題があればその情報と問題意識をチームで共有する（状況のモニターと共有），問題があると思われる場合は，この後の推移を事前に予測し，対応に移る（推移の予測と対応）といった行動が基本となる。

作業中はとくにメンバー間のコミュニケーションを活発化し，情報の確実な取得と伝達を通じて状況を共有するよう心がけなければならない。

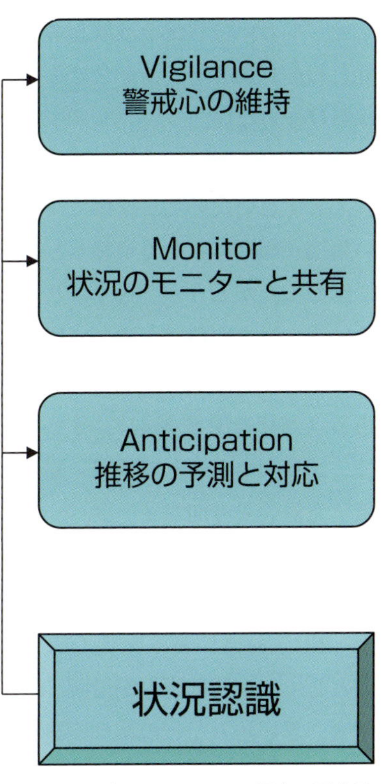

図20　シチュエーション・アウェアネス

4.4 コミュニケーション

人の心は外見から判断するのは難しい。ほかのメンバーが，また，チームがどんな状況に陥っているかを察知するにはメンバー間のコミュニケーションが不可欠である。また，誰もがいつも同じ判断ができているかどうかは疑わしい。それだけにメンバー相互がコミュニケーションを通じて互いに状況を理解しあうための行動スタイルを学ばなければならない。

それには，図21に示すように，まず言いたいことや伝えたい状況が相手に正しく情報として伝わったかどうか，送り手と受け手の双方向確認を通じて情報の正しい伝達に努める必要がある（適切な意思疎通）。そして，意見交換を通じて情報・知識・意思の双方向フィードバックを活発にし，報告・連絡・相談を密にする（意見交換，報・連・相）。最後に最も重要なこととして，人間は誰もが憶断，憶測，思い込みなどのエラーをする，したがって，部下であれ年下であれリスクを回避するに必要な提案や考えがあれば誰もが率直に意見を述べることが必要となる（安全への主張と進言）。

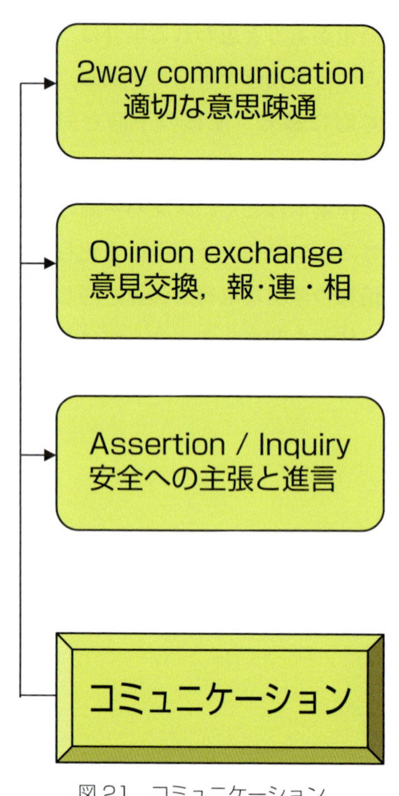

図21　コミュニケーション

4.5 チーム・ビルディング

安全への主張と進言はメンバーの誰もが躊躇なく行うべきものである。しかしながら，このような行動スタイルは上位の者や年長の者が人の意見を聞く耳をもつ姿勢があってはじめて成り立つものである。したがって，単に友好的な雰囲気ではない人の意見に耳を貸せるチームの環境作りが条件となる。このようなチームの環境作りには，上に立つ者が適度な権威勾配の下でチーム・ワークを構築する努力を蓄積することによって可能となる（チームの雰囲気作り）。

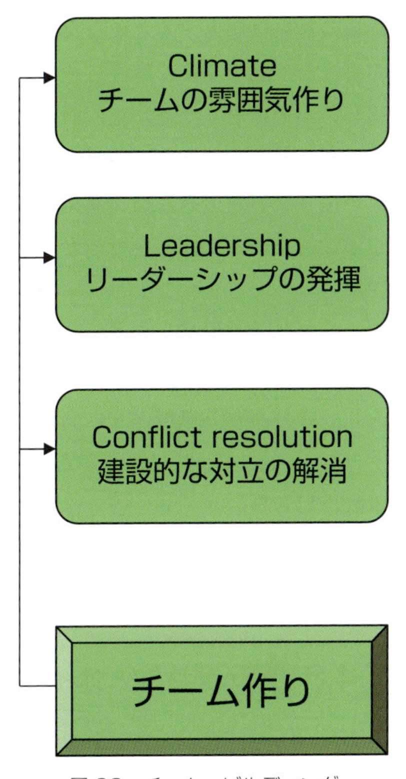

図 22 チーム・ビルディング

チーム連携を図るためのもう一つの要素は，リーダーシップのとり方である。チーム内において誰か定まった人が常にリーダーでなければならないわけではない。いつものリーダーが不在の場合でも問題解決に向けて誰もがリーダーシップを発揮し，メンバーの誰かがリーダーシップを発揮しているときは，その行動に対しフォロワーシップで協調する。このようにメンバー相互が信頼の念で協調し，誰もが協力の精神で助け合えるチーム作りこそが，チームをチームとして有効に機能させることになる（リーダーシップの発揮）。

通常，チームは複数メンバーで成り立っており，一人ひとりは個性も異なるとともに異なった意見をもつ。そのような人間関係の中に生じる意見の対立は悪くすると頑なな意見主張に終始し泥沼化しかねない。そのような状況をうまく解決しチームの和を保つ秘訣がある。それは誰が正しいかではなく，何が正しいかに焦点をあてて，正しい意見を選択する行動スタイルである。それは，誰が悪いかではなく，何が問題なのか，何が足りないかをみんなで考えることによって，意見の対立を解消しつつ建設的なチーム作りを可能とする行動スタイルである（建設的な対立の解消）。

チームとは，風通しのよいコミュニケーションにより日頃から協調，協力の姿勢を醸成し，共通の理解の下で問題を解決する協働の組織体であり，そのような環境作りに向けた行動スタイルがチーム・ビルディング（Team building）につながる。図 22 に，チーム連携を図るための基本的な振る舞いとして，より良いチーム環境を作るための行動，チーム力を有効に機能させるためのリーダーシップのとり方，建設的なチーム作りのための行動，の三つの行動スタイルを取りあげている。

4.6 デシジョン・メイキング

個人が生み出すリスクにチーム力を活用して対応しようとするチーム・リソース・マネジメント（TRM）の思想では，チームが直面する問題の解決を誰か一人の判断，決定に委ねる行動スタイルよりも，直面する問題に対しチーム・メンバーが納得する結論を導き，この結論を全員が理解し，全員が同じ目標に向かって行動するスタイルが好ましいとされる。その理由は，誰か一人の独裁的決定には憶断，憶測，思い込みのエラーが入り込みやすく，チーム・メンバーによる多くの目はそのようなエラーの排除に効果的であり，また，全員が納得した決定にはそれを実行するときにチームとしての協力が得られやすいからである。

時間的に切羽詰まった問題に対応するときにはトップダウン・タイプの指導力あふれる指揮が必要となる場合も否定できないが，チームの総合力の下でリスクをマネジメントしようとするチーム・リソース・マネジメント（TRM）の基本思想においては，チームとして共通の目標を成し遂げるためのメンバー全員の合意形成こそがチームの総合能力を高めると考えられている。

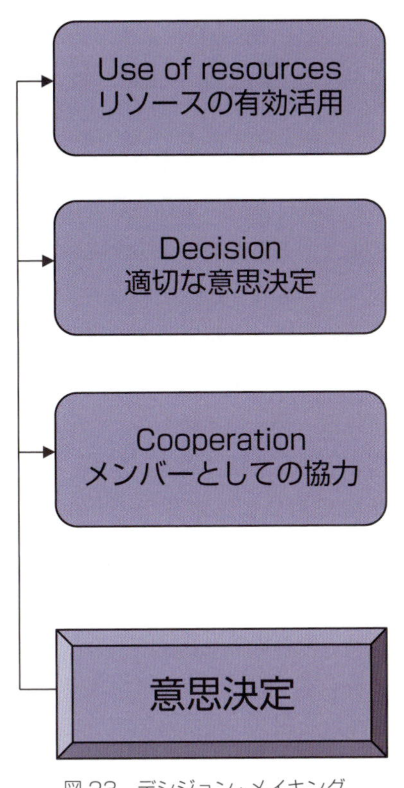

図23　デシジョン・メイキング

図23は，チームとしての問題解決のあり方に向けた三つの行動スタイルを示している。その第一は，問題に直面したときこそ人，機器，情報のあらゆるリソースからできるだけ多くのアイデアやデータを収集し，みんなが意見を出しあうことである（リソースの有効活用）。第二は，それらの情報や意見を基にメンバーが納得するチームとしての結論を導くことである（適切な意思決定）。最後は，チームとしての結論が導かれれば，それを共通の目標として，チーム・メンバーは一致協力し，全員が同一の目標に向かって行動することである（メンバーとしての協力）。

4.7 ワーク・ロード・シェアリング

チームにおける作業パフォーマンスは，疲労による作業意欲の低下，ストレスによる意識散漫などに大きく左右される。これらの影響は，特定のメンバーへの偏った作業負担，過重な作業負荷，個人の体調不良，心配事がもたらす精神的ストレス，薬の服用による副作用，アルコール摂取等々からもたらされる。

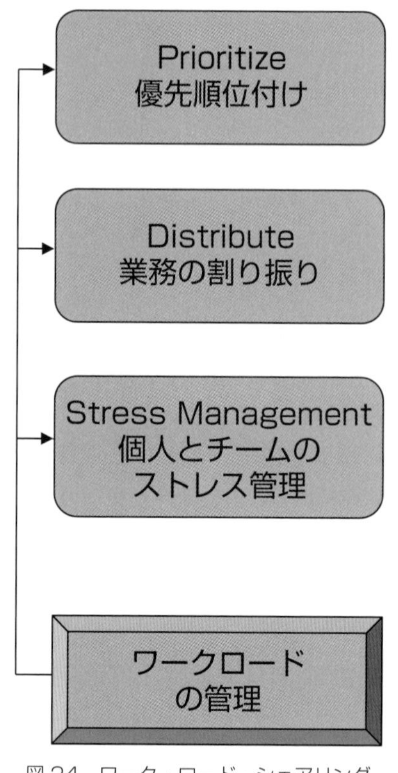

図 24　ワーク・ロード・シェアリング

疲労の直接原因は睡眠不足であることが多い。疲労は作業中に睡魔を招き，集中力欠如や気力の衰えなどをもたらす。疲労だけでなく，薬服用による副作用，アルコール摂取なども居眠り，注意散漫，危険感麻痺，思考力減退などの悪影響を及ぼす。現場のリスク・マネジメントにあたっては，これらが引き起こすリスクにも十分注意を払わなければならない。

疲労がもたらす問題に対処するにあたっては，疲労の発生原因を理解し，また，薬やアルコール摂取などの影響を知ることによって，それらに対して科学的に適切な対策をたてることが可能になる。また，このほか長時間勤務が必要な作業形態においては，人間のサーカディアンリズム（体内時計）を考慮した勤務時間，交代時刻，休養時間への配慮などが望まれる。

図 24 は，チームにおける作業パフォーマンスへの影響を回避するための三つの行動スタイルを示している。ある特定のメンバーに偏って作業負荷が集中する状況は，チームとしてのパフォーマンス・レベルを下げることになる。それゆえ，どの作業を優先すべきかを考え，特定の人に過重な負荷を課すことなく，重要なものから作業を実行する対処が必要となる（優先順位付け）。また，個々のメンバーに課される負荷を低下させ，一人に作業負荷を集中させることなく，作業がメンバーに分散されるように業務を割り振る対処も必要となる（業務の割り振り）。そして，個々のメンバーに対する適切なワーク・ロード管理により，ヒューマン・エラーを生み出す元となる居眠り，注意散漫，危険感麻痺，思考力減退などの防止を図ることによって，作業負担から生じるチームとしてのストレスをうまく分散する（個人とチームのストレス管理）。

4.8 デブリーフィング

作業中に全員で導いた結論や行動を，作業後に，あのときあれでよかったのかどうか，もっとほかにより良いソリューションがあったのではないかを振り返り，話し合った結果と反省を今後の改善に活かす機会とするのがデブリーフィング（Debriefing）である。自分たちがとった行動のパフォーマンスについて話し合う時間を設け，反省し，より良い回答を求めて意見を交換することの大切さを忘れてはならない。また，このような機会は作業中に生じたわだかまりを解消して意識を再度ひとつにする機会ともなる。

デブリーフィング（Debriefing）においても下位の者が上位の者に自由に意見を述べることのできる雰囲気を大切にしながら，メンバーは自分たちが行った作業に対し具体的で建設的なアイデアや提案をフィードバックし，良い点を受け入れてチーム・パフォーマンスの改善に導く。そうすることがPDCAサイクルの形成につながるのである。

5. TRMスキルと現場感覚のギャップ

5.1 旧来の思想習慣との葛藤

経営のトップから現場までチーム・リソース・マネジメント（TRM）の思想を浸透させることを目的に，いまではいたるところでTRMスキル研修が行われている。実施されるプログラムごとに研修の呼び名は異なるものの，その内容は共通してTRMスキルに基づく行動スタイルを理解させ，チーム・リソース・マネジメント（TRM）の思想を日常に反映・定着させることを目標としている。

TRMスキルを学ぶ際には，現場のメンバーのみならず経営のトップや管理の責任者など，常に最終の決断を迫られる上位者にも，「ひとりの人間の精神的，肉体的能力には限界がある」，「ひとりの人間による判断には臆断，憶測，思い込みなどヒューマン・エラーが入り込みやすい」，したがって，「あらゆる他からの知識，経験，意見，情報を活用して」，「ヒューマン・エラーの発生を防止し，生じたエラーをみんなの力で事故に結び付けないようにする」というチーム・リソース・マネジメント（TRM）の思想を理解することが必然的に求められる。

チーム・リソース・マネジメント（TRM）的意識改革ならびにその思想に基づいたTRM スキルの行動への反映は，いわゆる伝統的な上下関係の世界になじんできた人たちに従来と異なる努力を求めることになるので，とくに上位者において，このような変革的努力への葛藤に悩む者も少なくなく，TRM スキルと現場感覚のギャップに戸惑う向きもないわけではない。いかに合理的な論理の下で構成された研修でも，受講者が同じ思想を共有できない場合やそれを実際に実行しようとしない場合は画餅に帰す。

例えば，「安全への主張と進言」「リーダーシップの発揮」「建設的な対立の解消」「適切な意思決定」などのようなチーム・リソース・マネジメント（TRM）のスキル要素については，行動原理そのものが旧来の思想習慣を打ち破ることを要求する一面もあって，旧来の慣習意識から抜けきれないままではそれらをすんなりと受け入れにくい様子も見られる。研修を企画する際には，この重大な課題に正面から向き合い，具体的な問題を洗い出し，それらに対しいかに対処するか，そのソリューションを用意しておく必要がある。

5.2「安全への主張と進言」に対する戸惑い

下位者に進言を促す行動スタイルへの違和感

旧来のチームの概念は，熟練した一人の年長者を中心とするピラミッド型が基本になっている。そのような中で，とくに「安全への主張と進言」の行動スタイルの実践は大きな困難がつきまとう。旧来の思想慣習

のチャレンジを有効化するためにTRMスキルにおいては，チャレンジしやすいチームの雰囲気作りを上位者に要求しているのである。

5.3「リーダーシップの発揮」に対する戸惑い

旧来の思想習慣に従えばチームというものは，誰か中枢にいる人間が常にリーダーシップをとり，周りのメンバーは定まった一人のリーダーの指示に従うことが当たり前とされ，そのリーダーがいない場合にほかの誰かが勝手に意思決定し，勝手にチームの指揮をとることは憚られるものであった。しかし，一人にすべてを託す従来型のリーダーシップ体制では，一人の不在がすべての機能を失うことになりかねず，このような脆弱な体制からの脱却を考えれば，やはり誰もがリーダーシップをとれるチームは強い，ということは真実のようである。

誰かがリーダーシップをとるときはその他の者はフォロワーシップで協力しあう，これを自然体の中で形成できることこそが良いリーダーシップを発揮するための第一歩といえる。直面する問題ごとに誰もが適材適所でリーダーシップを発揮できるような行動スタイルは，結局，メンバーのやる気を育み，能力を高めることになるので，チーム力の向上にもつながる。

TRMスキルに基づく行動スタイルは，リーダーシップのとり方においても，一人にすべてを託す発想からチームの誰もがみんなで助け合える体制への発想転換を求めている。したがって，現場のメンバーにおいては，旧来の慣習意識に閉じこもったままTRMスキルと現場感覚のギャップに悩むのではなく，“個人力依存”から“チーム力活用”への移行を促すTRMスキルの精神に立ち返って，何が正しいかの観点から思いを巡らし，よりチーム力を発揮できる行動スタイルを受け入れることが望まれる。

5.4 「建設的な対立の解消」「適切な意思決定」に対する戸惑い

旧来のチーム体制は多くが上位者を中心とする上意下達の世界であり，下位の者は上位の者にデシジョンを求め，上位者が一人でデシジョンを下すのが従来からの慣習であった。また，このような旧来型意思決定体制においては，上位者が下位者の意見や考えを有効に活用する姿勢には馴染みが薄い。しかし，実際には困難な局面に直面したり，意見が異なることでチーム内に対立が生じたりする場合には，異なる人の知識，経験から得られる意見や考えなどは，自分が思う以上の有効な判断情報を与えてくれる。

従来型の思想習慣に馴染むチームにおいては，まず旧来の思想から脱して，自分以外の異なる知識や経験に基づく異なる意見や考えを広く集め，多様なリソースを有効に活用し，意見の対立を建設的に調整して，チームとして適切な意思決定を下す努力が望まれる。このように利用可能なリソースを有効に活用して意見を集約し，チームとして問題解決にあたる姿勢は，チームの誰がリーダーシップをとっていたとしても，結果として独断的決定からもたらされるリスクの回避につながる。

第四編

組織の
リスク・マネジメントを
考える

1. 組織におけるリスク・マネジメントの目標

1.1 組織に潜在するリスク

組織が抱える不具合を運営の面において是正することは，組織の社会的責任（CSR, Corporate Social Responsibility）であり，また，法的責任の面において是正することは，組織の法令遵守（コンプライアンス，Regulatory Compliance）の維持につながる。このようにコーポレート・ガバナンス（Corporate Governance）の原理が行き届いた組織を健全な組織モデルとして社会は期待している。

それぞれの組織がこの理想の姿を維持するためには，図 25 に示すように，組織運営の面から，また，法的責任の面から，コーポレート・ガバナンスを崩す元となるリスクを洗い出し，そのようなリスクが生じる原因を探求して対応の手をとる，このリスク・マネジメントの手続きに従って組織に潜在するリスクの排除に努めることがまず重要となる。そして，それを絶えず継続し，新しいリスクが存在しなくなるまで組織管理の姿勢と体制を日々見直すことによって PDCA サイクルの恒久的持続を達成することが必要となる。

コーポレート・ガバナンスを崩す元となるリスク因子は，一つ間違えると経営が成り立たなくなるほどの大きな影響を与える。また，コーポレート・ガバナンスを確立することによってはじめて組織が組織として存続することが可能となる。したがって，組織は，コーポレート・ガバナンスを崩す元となるリスク因子の排除に照準を合わせたリスク・マネ

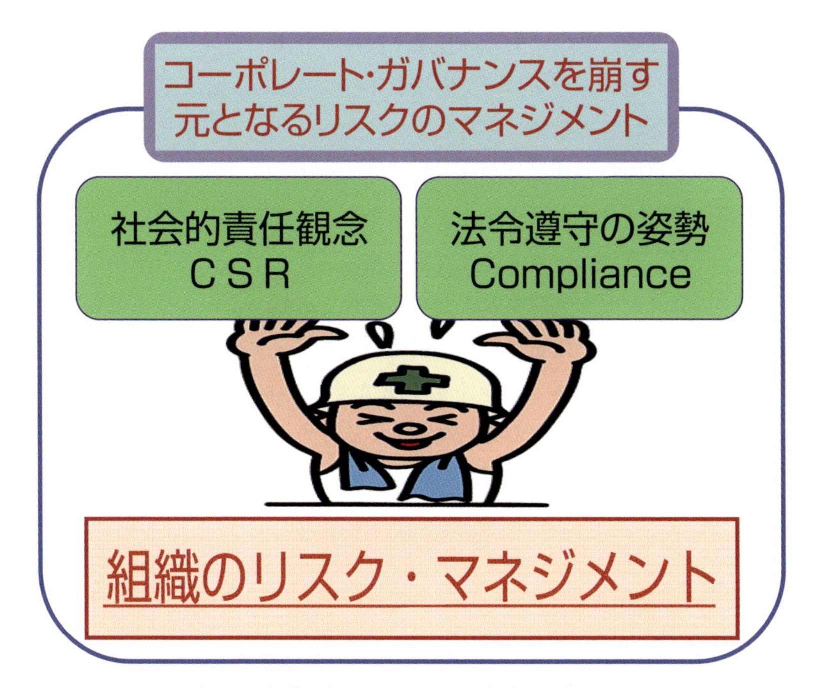

図 25　組織におけるリスク・マネジメントの目標

ジメントを実施し，そのための実施体制を組織内に実現しなければならない。その意味から，組織のリスク・マネジメントにおいては，コーポレート・ガバナンスを崩す元となるリスクを最小化することが最大の目標となる。

1.2 安全を核とする組織の場合

それぞれの組織においては，その組織が行う業務ごとに達成すべき目標が異なる。例えば，航空機や船舶の運航，それらの操縦，列車の運行や自動車の運転，工場における操業，医療・介護・看護・投薬などの医業関連業務，といった業種は，安全なオペレーションなくして業務目標は達成しえないし，信頼も得られない。また，これらの業務の遂行過程にはその業務固有のリスクが様々な形で潜在する。

現場に潜むリスクを最小化して安全な業務を達成するには，リスクの発掘，分析，評価，対策立案，対策実施の過程を踏みながら現場のリスク・マネジメントを実践することが不可欠である。このように業務に潜在するリスクの最小化を目指した現場のリスク・マネジメントを実行し，そして，リスク・マネジメントのPDCAサイクルを組織内に着床させることは組織が目標とする業務を実施するための基本的責務である。

ただし，安全を核とする組織の場合においては，現場業務の事故発生

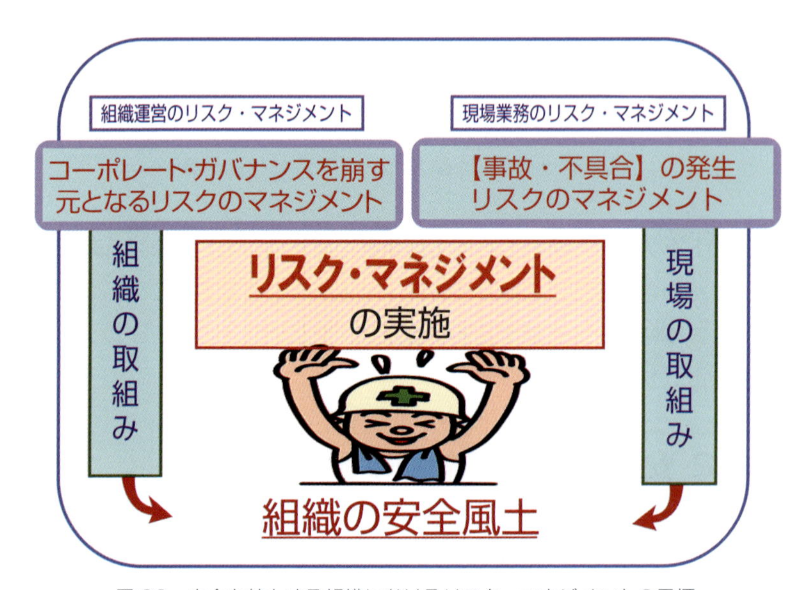

図26　安全を核とする組織におけるリスク・マネジメントの目標

を最小化するマネジメントだけでなく，同時に組織のコーポレート・ガバナンスを崩す元となる不具合を是正するマネジメントもなされなければならない。これらは，互いに車の両輪であり，いずれが欠けても安全を核とする組織のリスク・マネジメントは達成できない。現場業務における事故リスクの最小化と組織運営における不具合リスクの最小化とは，それぞれリスク・マネジメントのプロセスは共通しており，これらは同時並行で進めなければならない。

安全を核とする組織においては，図26に示すように，現場業務における事故防止と組織運営における不具合是正の双方に対し，平等に意識を向けながら両方を対象にしたリスク・マネジメントを忘れてはならない。現場のリスク・マネジメントでも組織のリスク・マネジメントでも，リスクの種類やマネジメントの対象は異なっても適用すべきプロセスは同じである。そして，両方を対象にしたリスク・マネジメントを継続する努力の結果として，それぞれの組織に安全風土が根付くことになる。

2. 認証規格または強制規則が要求するもの

2.1 組織の品質を保証する国際認証規格（ISO 9000 シリーズ）

ISO 9000 シリーズが目指すのは組織管理の姿勢と体制

1970年代以降，製品の製造ならびにサービス提供に関する品質を国際的な統一規格の下で保証するための議論が欧米諸国間で始まった。その後，国際標準化機構（ISO：International Organization for Standardization）は専門委員会を設置，1987年には国際的な品質保証規格ISO 9000シリーズ（ISO 9000からISO 9004）を制定した。いまでは各企業を中心に，組織はこぞってその認証取得に努力を傾注するまでになっている。

ここにISO 9000シリーズがいう品質保証とは，組織が目標とする業務を高い信頼性の下で達成できるだけの組織の取り組み姿勢や管理体制を保証することであって，その果実として顧客に対して良質の製品の提供や高質のサービスの提供が可能とはなるものの，製品やサービスの中身の良さを直接的に保証するものではない。ISO 9000シリーズは，それが要求する項目を組織が実行することによって，現場における高品質業務を組織の責任体制の下で達成できるようなシステムの構築を組織に要求している。図27は，国際品質保証規格ISO 9002が組織に要求する項目のうち，組織の姿勢や管理体制の整備に関わる部分について抜粋して整理したものである。

組織の経営者は，その組織が理想とする業務とはどういったものかを明らかにし，その業務の品質を高めるための方向性を示すとともに，それらを具体化したマニュアルや手順書を作成してシステムとして確立することが求められる。そして，それらはすべて文書で明示する必要がある。また，組織内に管理責任者を配置して内部監査を行い，不具合を是正する姿勢と体制を具体化する必要がある。この内部監査のしくみは組織におけるリスク・マネジメントの実践を具体化する機能を果たす。さらに，規格は，業務に関わる要員の教育・訓練への考慮，配慮を要求する。組織の活動に関わる要員が，組織が目指す管理体制の構築に自分は関係ない，我関せずの姿勢では，せっかくの組織の取り組みが“仏作って魂入れず”に終わりかねない。

経営者の責任	品質方針の策定 要員の確保 管理責任者の配置
品質システム	システム確立 マニュアル，手順書
工程管理	作業工程手順 作業計画・検査・測定・試験 不適合の管理 是正・予防
内部監査	システムの維持・改善
教育・訓練	従業員の質の向上

図 27　国際品質保証規格 ISO 9002 が組織に要求する項目（抜粋）

認証取得の本質

新たに ISO 9000 シリーズの品質保証の認証を取得しようとする組織は，国内の認証機関または認証手続きの仲介役を担う審査機関に申請する。国内で審査に合格し，認証を取得すれば国際間の相互承認制度によって国際認証の取得となる。このような国際認証を取得しようとする組織には，業務の達成目標を定め，目標達成を阻害する課題を排除するしくみを組織内に位置づけ，そのしくみを継続的に推進することができる管理体制を組織内に確立しようとする姿勢が問われる。すなわち，組織内に自立的リスク・マネジメント体制を整備し，それを実際に機能させることが認証取得のポイントとなる。

このような国際認証の取得においては，近年では“グローバル・スタンダードとして求められているから，ビジネス上，体裁整えとかなきゃね”というアリバイ作りの意識が先に立つきらいが垣間見られるものの，この認証取得の本質は，まず第一に，組織が達成しようとする目標を組織の構成員が共有し，そして，構成員は，組織が確立しようとするマネジメント・システムの意義を深く理解し，さらに，全員が一致して行動することで組織のトップから現場の一人ひとりまでが組織の目標達成に関与しているという自覚をもつことにある。

品質保証のISO 9000シリーズなどの国際認証規格には，組織のトップから現場の一員まで全員が協力して現場と組織の一体性に“魂を入れる”という思想を根付かせる考えが根底にある。そのため，少しこうるさく感じるほどに，現場における工程管理一つひとつに手順の確立を要求するとともに，組織に対して責任ある管理姿勢と管理体制のあり方に具体的な行動指針を示している。

ISO 9000シリーズなどの国際認証規格は，組織がこれら規格の要求する指針に沿うことによって，それが構成員への動機づけとなって自らが改善を行っていける組織集団に変わり，それによって結果として組織自体が，国内的に，また，国際的に社会から望まれる姿に発展していくことを期待しているのであり，認証取得を目指す組織はこのことを十分に理解すべきである。

2.2 安全を核とする組織に課される国際規則（ISM コード）

ISM コードの遵守義務

ISO 9000 シリーズなどの国際的に統一された規格の認証取得は任意であり，要求事項の遵守は強制されるものではない。しかしながら，航空業界とともに国際運輸の最先端にある海上輸送業界では，1994 年になって輸送の安全性を向上させるためには現場だけでなく，組織全体の取り組みとして安全管理体制を構築することが不可欠だと考えるようになり，国際海事機構（IMO：International Maritime Organization）は，海上人命安全条約（SOLAS：Safety of Life at Sea）に附属書第Ⅸ章を設け 1998 年から ISM コード（International Safety Management Code）として強制化することになった。

ISM コードの強制化により，国際輸送に従事する客船および 500 総トン以上の貨物船などの船舶を管理する組織は ISM コードが定める要件を遵守する義務を負い，組織内に安全管理のしくみと体制を確立することによって海難事故の防止に努める責務を負うことになった。これらの義務と責務を負うべき組織については，陸上の組織と海上の船舶に対し ISM コードの要件に適合する安全マネジメント・システム（SMS：Safety Management System）が確立しているかどうかについて旗国（船籍国）による検査を受ける。合格すれば陸上の組織に適合書類（DOC：Document of Compliance），海上の船舶に安全管理証書（SMC：Safety Management Certificate）が発給される。

ISO 9000 シリーズの思想を引き継いだ ISM コード

ISM コードは，ISO 9000 シリーズの要求項目を土台にして，船舶の運航管理，保守管理，船員管理を行う組織に対する強制規則としてまとめ直したものであるが，ISM コードが要求する思想は ISO 9000 シリーズの思想を引き継いでいる。ISM コードの強制化は，第一義的には陸上の管理部門に安全マネジメント・システム（SMS）を組織全体で実践するしくみを構築することを要請するものであるが，同時に現場における船舶運航の安全を確実なものとするため，陸上と海上が一体となって安全マネジメント・システム（SMS）を全社的に推進することを要請するものである。

陸上と海上が一体となって安全マネジメント・システム（SMS）を推進するため，まず組織は，船舶運航の安全を確保するための方針を策定するとともに，組織の誰もがそれに従えばその方針を実行できるようなマニュアルや手順書を作成し，そして，これらすべてを文書化した安全マネジメント・システム（SMS）を確立する。このように組織が確立した安全マネジメント・システム（SMS）については，その方針を組織の構成員全員が共有し，組織のトップから現場の一人ひとりまでが組織的な安全マネジメント・システム（SMS）の実践に関与しているという自覚をもつことが何よりも大切である。

そして，ISM コード強制化の究極の狙いが，組織による安全マネジメント・システム（SMS）の体制構築が構成員への動機づけとなって組織内部に安全意識が浸透し，また，組織自体が自律的改善を可能とする組織集団に変化し，結果として，組織が高度な信頼の下で安全な業務を展開する姿に発展し，同時に組織の安全風土が醸成されていくことにある点を見逃してはならない。

2.3 認証規格または強制規則が組織に要求する三つの要件

リスクの顕在化がもたらす不測の損害を軽減して最大限の安全を確保するためのマネジメント・プロセスがリスク・マネジメントである。マネジメントの対象となるリスクは種々あるが，中でもコーポレート・ガバナンスを崩す元となるリスクは組織の存亡に関わる。このような組織運営に潜むリスクの最小化を目指した取り組みが図25に示す組織のリスク・マネジメントである。

一方，航空，船舶，鉄道，自動車，工場の操業，医療の提供など安全を業務の核とする組織においては，現場の事故防止に向けたリスク・マネジメントと組織の不具合是正に向けたリスク・マネジメントとは車の両輪である。したがって，これら安全を業務の核とする組織は，図26に示すように，これら双方のリスク・マネジメントに取り組み，そして，これらを同時並行に進めねばならない。

組織の業務目標が何であっても，ISO 9000シリーズの国際統一規格の認証を取得した組織やISMコードによる強制規則に縛られる組織においては図28に示すような三つのミッションを推進できることが重要となる。三つのミッションのうち，その第一は，コーポレート・ガバナンスを崩す元となるリスクを排除するマネジメントの実施であり，これは組織が組織として存立する上で最も基本的な点である。第二は，組織の管理部門と現場の構成員が一体となって品質確保または安全達成を目指すためのリスク・マネジメントの実践であり，これは認証規格または強制規則が目標とする点である。そして，第三は，組織の方針や目標の意義を理解し，それを共有して全員が一致して行動できるための構成員

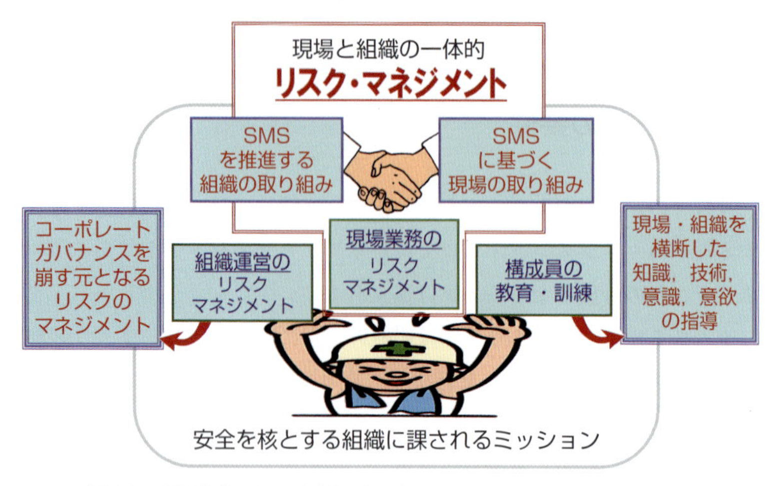

図 28　認証規格または強制規則に縛られる組織に課されるミッション

の資質向上に対する指導，学習，研修などの教育・訓練の実施である。この点をおろそかにしては第一のミッションも第二のミッションも到底達成できない。

3. 組織を自律的に改善するしくみ

3.1 超えなければならないハードル

内部監査

ISO 9000 シリーズならびに ISM コードが規定する要件の中でも最も重要な点は，組織内に管理責任者を配置して内部監査を定期的に行うことである。内部監査は，組織に潜むリスクを定期的に点検し，見直す機会として重要である。内部監査に関わる関係者は，組織におけるリスクの発掘に努め，組織の運営上の不具合や業務遂行上の問題を発見した場合には，管理方針の見直しも含めてそれらを是正する措置をとる。このことはとりもなおさず，現場のリスク・マネジメントと組織のリスク・マネジメントを同時並行に実行することであり，内部監査はこれを継続的に実践する機能として重要である。

図29は，組織における点検，評価，見直しの視点を例示したものである。例えば，①組織の管理方針の履行に不都合がないかどうか，②ヒヤリ・ハット情報を収集し分析するなど事故防止や不具合排除に活用する取り組みが円滑にすすめられているかどうか，③構成員の知識・技術・意識の教育や訓練が効果的に実施できているかどうか，④内部監査の実施体制や実施方法，リスク・マネジメントの技術，監査要員の資質等について改善の余地がないかどうかなどについて，公正な目でチェックする。このような組織の姿勢や体制のあり方を見直す機会においては，内部におけるチェックとはいえチェックに携わる人は第三者の目，そして，外部の目で，厳しく自己点検，自己評価にあたることが要請される。

内部監査は，組織が自ら自己点検，自己評価を行うことによって組織の自律的改善を図る場として重要な役割を果たすものの，組織内部の要員がそれを担当する限り限界があると見なければならない。例えば，誰か一人だけが長期に専従するような場合にはマンネリや惰性に陥る可能性もあり，また，要員の数が不十分な場合には見つけなければならないものが見つけられなかったり，リスク・マネジメントの実践能力が劣る場合には重要な点を見落としたり，というようにチェックの進捗にも陰りが見えるものである。

そのため内部監査を担当する要員には，質的にはリスク・マネジメン

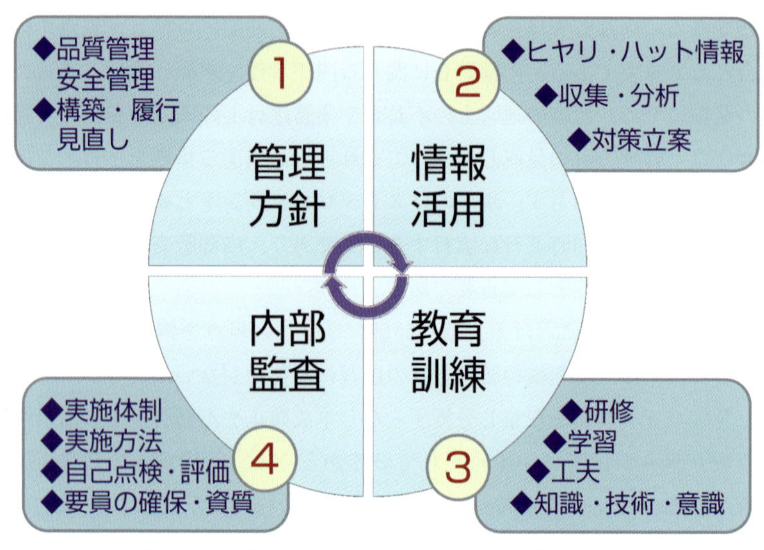

図 29　組織による自己点検，自己評価，見直しの視点

トに対して相応の見識と監査に対する高い意識が要求されるとともに，量的にも内部監査におけるリスク・マネジメントの作業量に見合うだけの要員が整備されている必要がある。

教育・訓練

内部監査は，“言うは易く行うは難し”の側面がある。組織内にセクションを配置し要員も貼り付けたが，実際の運用となると果たしてうまく機能しているのかどうか心もとないというのが大方の組織における関係者の思いである。この不安は，自分が属する組織に対して是々非々の立場で客観的な判定を下すのが不得手な日本人特有の内向き文化に起因することもあるかもしれないが，多くは客観的な立場からリスク・マネジメントを実践できる能力を備えた人材が質的にも量的にも組織内に整備されていないことに起因していることが多い。それと同じことが組織内における教育・訓練の面でも言える。

図29において第三のミッションとして示した，構成員の資質向上に対する指導，学習，研修などの教育・訓練の実施は，リスク・マネジメントの実践に関する第一と第二のミッションを達成するのに欠くことのできない組織の機能要件である。しかしながら，このように教育・訓練を実施するための体制を組織内に位置付けることについても，内部監査の場合と同じように，誰がカリキュラムをデザインするのか，誰がどのように教えるのか，となると実質的に動かなくなるのが実情である。

組織を自律的に改善するしくみを構築する上で最も困難なのが内部監査の体制構築とその運用，そして，教育・訓練の体制構築とその運用である。ISO 9000シリーズの認証規格やISMコードによる強制規則がこれらを実質的に機能させることを要求している限り，組織として何らかのソリューションを用意しておかなければならない。

外部評価

組織を自律的に改善するしくみを構築する上で超えなければならないもう一つのハードルは，外部の第三者の目による客観的評価をいかに組織の中に取り込むかである。残念ながら我が国の組織においては，自分たちの活動や行動を外の目にさらしたくないと考えることが多く，ましてそれが他人から評価されるとなるとなおさらである。

組織の中にいる人間にとっては，外からの意見は，自分たちへの批判と感じることはあっても，自分たちの及ばなかった新しい考えや異なる見かたに気付かされる良い機会だとは考えない。組織が外部の意見に聞く耳をもてないことは，間違いを正す機会を逃すことにもなり，新しい発展のきっかけを逸することにもなる。組織の品質向上や安全向上に向けて組織を自律的に改善するためには，外部の目による評価・点検が不可欠である。

ISO 9000 シリーズならびに ISM コードが規定する内部監査は，いわゆる自己点検，自己評価の継続的実施の場となるが，外部による評価の目は届かない。ただし，ISM コードでは，海上にある船舶については外国の港に寄港する際にその国により安全マネジメント・システム（SMS）の履行に不都合がないかどうか監督（PSC：Port state Control）を受ける。その意味では ISM コードの強制化のしくみには，船舶に対しては外部の目による評価が用意されていると考えることもできる。しかしながら，ISM コードによる強制規則にも ISO 9000 シリーズの国際認証規格にも，組織の管理部門に対する直接的な外部の目による点検，評価のしくみは用意されていない。

3.2 国土交通省による運輸安全マネジメント制度

2006 年 10 月，国土交通省は，国内における輸送の安全性向上に向けた取り組みの強化を目的に，ISM コードの下で外航船を対象に強制化される安全マネジメント・システム（SMS）を，国内における鉄道，自動車，海運，航空など各種輸送モードに対するガイドラインとして指導する，運輸安全マネジメント制度と運輸安全マネジメント評価制度をスタートさせた。

運輸安全マネジメント制度は，国が，国内の各種輸送モードを担う組織に対し安全管理体制の構築を促すものであり，この制度は，国内の安全を核とした業務組織に，現場業務と管理部門が一体となってリスク・マネジメントを実践する取り組みを整備する意味で大きな意義がある。

運輸安全マネジメント評価制度は，組織による安全管理体制構築の実施状況の確認を通じて各組織において自律的な改善がうまく機能しているかどうかを国が評価し，改善の余地のある事項については助言を行うなどして更なる安全管理体制の向上に寄与することを意図している。この運輸安全マネジメント評価制度は組織の管理部門に対する第三者の点検という意味で，強制的ではないもののある種の外部評価の意味もある。

運輸安全マネジメント評価の実施事業者数は，発足以来8年でおよそ6,300事業者になっている。図30は，2014年9月現在における運輸安全マネジメント評価の実施事業者数を輸送モード別の割合で示したものである。旅客船，貨物船などを含む内航海運が全体の組織数のおよそ7割を占めており，鉄軌道や索道などの鉄道は17.2%，バス・トラック・タクシーなどの自動車は13.1%，航空は2.2%である。

この統計の直後2015年2月，政府は交通政策基本法に基づく交通政策基本計画を閣議決定し，国土交通省が取り組む運輸安全マネジメント評価制度への参加組織数を10,000組織に増やす数値目標が示された。ここまで参加組織が増えれば，鉄道・自動車・海運・航空などの国内の各種輸送モードを横断した，世界でも先進的な外部評価制度のひな型になり得るかもしれない。

外航船の船舶管理業務を担う組織に強制されるISMコードでは，組織のPDCAサイクルによる持続的改善は内部監査による自立的改善に委ねられており，陸上の管理部門に対する外部の目による評価のしくみはない。この点については，ISO 9000シリーズの国際認証規格においても同様に，組織に対する直接的な外部の目による点検，評価のしくみはない。

この国土交通省による運輸安全マネジメント評価制度は，場合によっては，外航海運の世界に対し，また，鉄道・自動車・海運・航空などの国内の各種輸送モードを担う組織に対し，さらに，ISO 9000シリーズ

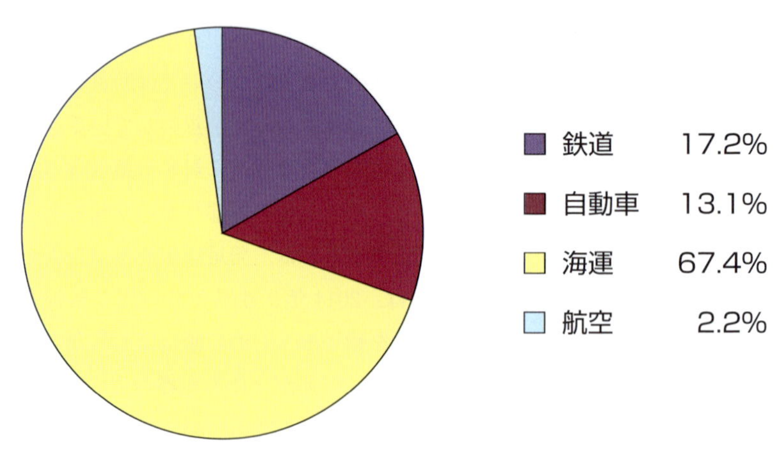

図 30　運輸安全マネジメント評価の実施事業者，輸送モード別割合
（2014 年 9 月現在，合計事業者数 6,276 事業者）

の国際認証規格を取得した組織に対しても，一つのひな型として，そこで行われるリスク・マネジメントに関する外部点検，外部評価の役割を果たせるかもしれない。国内の各種輸送モードを横断した世界でも先進的な国土交通省の運輸安全マネジメント評価制度の取り組みが，外部点検，外部評価の面で指導的な役割を発揮することを期待したい。

3.3 リスク・マネジメントのインフラ構築

内部監査の運用を託せる人材

ISO 9000 シリーズならびに ISM コードが規定する要件は，現場と組織のリスク・マネジメントの実践に対し組織の内部監査を機能させることを要請している。しかし，多くの組織が，とくに内部監査の実施において本来のリスク・マネジメントが運用面でうまく機能しないという困難に直面している。

組織の自律的改善を目指してリスク・マネジメントを実施する際には，現場と組織に精通し，それらの中核となってリーダーシップを発揮し，リスク・マネジメントを始動から完遂まで手間をいとわず推進できる人材が組織内になくてはならない。そして，組織を第三者の目で客観的に見ながら内部監査を機能させ，運用の実質化を図ることによって組織を自立的改善に導く，高いメンタリティを有する人材が組織内になくてはならない。このような人材こそが第二編 2.2 節に定義した“リスク・マネジャー”である。

教育・訓練の運用を託せる人材

多くの組織が，内部監査の場合と同じように，組織構成員に対する教育・訓練が運用面でうまく機能しないという困難に直面している。組織内にあって新人からベテランまで経験に応じた系統的な研修カリキュラムを設計したり，また，企画した教育・訓練内容を現場と組織に横串を刺しながら実践できる人材として期待がかかるのが，やはり“リスク・マネジャー”である。

リスク・マネジャーには，リスク・マネジメントの思想を深く理解し，組織の自律的改善を促進する取り組みを実際に体現できる能力が要求される。このように内部監査だけでなく教育・訓練面でも重い役割を担うリスク・マネジャーを育成するには周到な準備と知恵を絞る必要があるものの，このようなリスク・マネジャーを組織内に育成することは，結局，リスク・マネジメントに基づく内部監査や組織構成員に対する教育・訓練の推進を託せる人材を組織内に確保することになる。その意味でリスク・マネジャーの育成は組織にとって必要不可欠なものといえよう。

リスク・マネジャーの活動をバックアップする体制

育成されたリスク・マネジャーが組織内においてリスク・マネジメントの目標達成に向けて，また，組織構成員に対する教育・訓練の指導者として力を発揮できるためには，その能力を活かす支援体制を組織内に構築してバックアップする必要がある。組織としてリスク・マネジャーをバックアップする体制を構築することは，組織の構成員に対してリスク・マネジャーが組織の使命を受けて活動していることを認識させ，組織の構成員の協力意識を高める意味で大きな効果をもつ。

組織においては，このようなリスク・マネジャーとして活動できる人材育成とリスク・マネジャーの活動をバックアップする体制構築がシナジー効果を発揮してはじめて，組織の安全風土が形成されることになる。リスク・マネジャーの育成とリスク・マネジャーの活動をバックアップする支援体制の構築は，組織を自律的に改善するために必要な人的，体制的インフラといってよい。

4. 企業におけるインフラ構築事例

4.1 リスク・マネジャーの育成

ある内航船社の事例

国土交通省の運輸安全マネジメント制度に参加している**ある**船社がある。ここでは，日本海の一角に本社を置く内航船社が実際にリスク・マネジャー育成に取り組んだ事例を紹介する。この内航船社の船舶管理部門では，より高度な安全と，より高質な安心を確保し，より信頼される業務の提供を目標に据えて，国が指導する運輸安全マネジメント制度の実質化を図りたいと考えていた。

国の指導の下，ISM コードや ISO 9000 シリーズなどを参考に社内に安全マネジメント・システム（SMS）を確立しようと努力したものの，安全方針の設計，マニュアルや手順書の作成，これらの文書化については型通りにできたが，内部監査と教育・訓練については，既存の社内体制の下では肝心のところがうまく動かないという問題に直面することとなった。

結局のところ，運輸安全マネジメント・システム（SMS）が目指すところをすべて機能させるということは，社内のリスク・マネジメントを自立的に運用でき，そして，組織の構成員の質の向上を目指した学習や研修を企画し指導できる人材を社内に確保することから始めなければならないとの結論に至った。社内にリスク・マネジメントを実践できる人材を育成することは，時間もかかるし手間もかかることが容易に想像された。また，そのような人材は，縦割り社内体制に横串を刺せる人材の育成が基本的に必要となるといった難しさがあった。

社内論議の末，この会社では，これらの困難を克服することを決意し，神戸大学バージョン・リスク・マネジャー育成プログラムを導入して，リスク・マネジメントを自立的に実践できる人材の確保を目的に，社内にリスク・マネジャーを育成することとした。また，それと同時に，管理部門と現場が協力してリスク・マネジャーの活動を支援することができる社内バックアップ体制の構築にも注力することとなった。

社内リスク・マネジャー育成制度

業務の安全・安心を確保し組織の信頼の高度化を達成するためには，業務に潜むリスク，組織に潜む不具合の根本的な原因や背後に潜む要因を探し出して，システマティックに予防的対策の手を打つことが不可欠である。リスク・マネジャー育成制度は，それを可能にする人材の確保に向けた重要なアプローチであった。ここに事例を紹介している内航船社では，2014 年 4 月から，本格的に社内にリスク・マネジャー育成制度を位置づけ，業務の安全向上に向けた社内体制を構築する取り組みを始めた。社内にリスク・マネジャー育成制度を位置づけるに際し，リスク・マネジャーの役割，能力，職務については以下のように定義して取り組みがスタートした。

◆役割については，「リスク・マネジャーが担う基本ミッションの中でも，組織の不具合是正と現場の事故防止に焦点をあて，現場と組織のリスク・マネジメントを一体的に実践し推進する役割を担う」。

◆能力については，「リスク・マネジメントの技術手順を学び，リスク分析，リスク評価，リスク回避に関するスキル（技術手順）を発揮できる能力を養う」。

◆職務については，「業務に潜む事故や組織に潜む不具合の点検，根本原因・背後要因を分析，分析から洗い出された原因や要因に対する対策の立案，立案された対策の業務や組織へのフィードバックが主たる職務となるが，それにもまして，投げかけた対策が業務現場の，また，管理部門の日常行動に反映できるような環境作りのプロモーターであることが期待される」とした。

リスク・マネジャー育成プログラム

社内の構成員から適格者を選抜し，リスク・マネジャーとなるための人材育成プログラムが以下のように実施された。

① 期間の初めに，複数名をリスク・マネジャー候補生としてアサインする。
② アサインされたリスク・マネジャー候補生に対する研修を実施する。
③ アクシデント報告，インシデント報告等の分析演習を踏まえて，安全対策を立案するなど，リスク・マネジメントにおける技術的作業に習熟する。
④ さらに，立案した対策の現場あるいは組織へのフィードバック方法を学び，リスク・マネジャーとして必要な技能強化を図る。
⑤ 期間の終わりに，成果報告会を実施し，リスク・マネジメントに対する意識，意欲，知識，技術定着の面で，合格点に達した者にリスク・マネジャーとして社内資格を授与する。

社内資格取得後のリスク・マネジャーには，単に知識，技術だけでなく意識，意欲の面でも相応の自己研鑽が要求され，また，現場と組織を横断したリーダーシップの発揮が期待されるなど，人間的なタフさも要請される。また，リスク・マネジメントに対する高い能力と強い意欲をもつリスク・マネジャーには，将来においては，次世代のリスク・マネジャー育成の社内研修講師としての役割を期待される。これらのことから，このプログラムでは，リスク・マネジャーとしての社内資格は単なる肩書きではなく，それを取得することは上位職への通過点とすることが望まれる，としている。

リスク・マネジャーの活動方針

図31は，現場と組織が一体となってリスク・マネジメントを実施し，

リスク・マネジメントのPDCAサイクルを継続するための活動関連図を示している。この図は，2015年6月に新しく社内認定された4名のリスク・マネジャーが将来の活動の方向性を念頭において取りまとめたものである。その際に検討された当面の活動方針の骨子は，以下の通りである。

1) リスク・マネジャーは，構成員にアクシデント，インシデント，ハザード・イメージなど，各種報告の提出を呼びかけ，継続して収集に努める。

2) リスク・マネジャーは，各種報告を材料にした分析作業を怠ることなく，継続的に社内の組織的，現場の業務的リスクの発掘に勤め，日常的に問題提起，問題解決に向けて積極的に予防安全対策を提案する。

3) リスク・マネジャーは，日頃から意識して組織運営や現場業務に潜む危険のタネを見つけ出し，その芽を摘み取る原動力となる。そして，対策案を立案するだけでなく，その対策案を具体的に実行するための企画を提案し，対策案実施の原動力になる。

4) リスク・マネジャーは，各種報告を分析した結果を基に，分析結果のエッセンスをニュースの形に書き起こし，それを現場に周知する。そして，現場においてニュースを活用したグループディスカッションを主宰し，その実践をリードする。

5) ニュースのテーマとしては，クルーが船上で実践するBRMに関するもの（こうすればBRMが実践できるといった示唆），業務の技術的改善を促すサポート情報，人の失敗事例に学び，自己の日常における業務姿勢への警鐘とするための情報，とする。

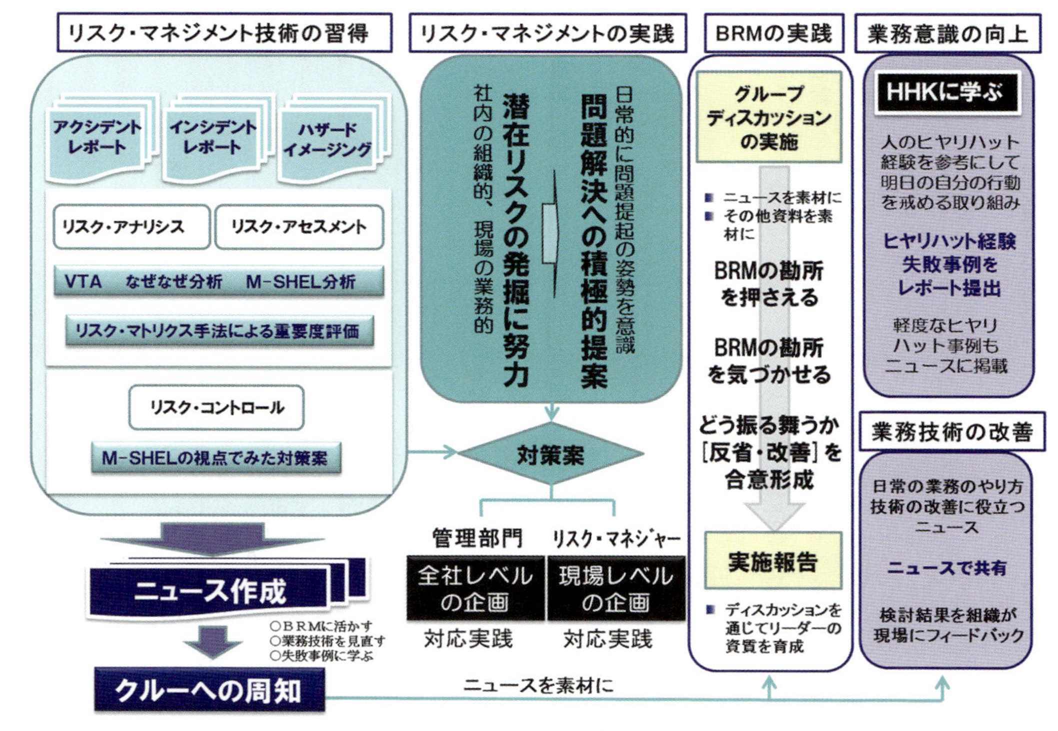

図 31　PDCA サイクルを継続するための活動関連図

4.2 リスク・マネジメント推進室の設置

2015年6月に1年にわたる研修を終えて審査に合格した4名がリスク・マネジャーとして社内認定された。それに歩調を合わせるように，2015年8月に，社内に「リスク・マネジメント推進室」が設置された。これにより，リスク・マネジャーがリスク・マネジメントの目標達成に向けて，その能力を発揮しやすいように会社としてバックアップする体制が社内に正式に位置付けられることになった。

これを受けて2015年10月には新たに認定されたリスク・マネジャーが現場を巡回し，リスク・マネジャー育成の目的と意義，これまでの取り組みと今後の取り組み，社内に「リスク・マネジメント推進室」が設置されたこと，今後はリスク・マネジャーが指導役，牽引役，相談役となり，安全，安心，信頼の業務を現場と組織が一体となって実践すること等を説明するとともに，現場の構成員に対してリスク・マネジメント活動に対する理解と協力を確認する機会とした。

5. 業務の高質化に向けたインフラ活用事例

5.1 リスク・マネジャーを核とした活動

ある情報系企業の事例

さきに内航船社を例に，リスク・マネジャーの育成と支援体制の構築に取り組んだ事例を紹介した。この内航船社の例は，国土交通省の運輸安全マネジメント制度の機能要件を満たそうとする際に，リスク・マネジントを実践できる人材と体制の整備の必要性を感じた例であるが，ここに紹介する事例は，リスク・マネジントの実践に加えて，リスク・マネジャーの活動を核とした社内体制の構築を先取りした上で，ISO 9000 シリーズの認証取得を企図する組織の例である。

ISO 9000 シリーズの認証規格も，ISM コードによる強制規則も，国土交通省が指導する運輸安全マネジメント制度のガイドラインも，いずれもが目指すところは，組織のトップから現場までが一体となってリスクを排除するリスク・マネジメントの実践であり，組織にそのための自立的改善のしくみを継続的に機能させることである。このことはとりもなおさず図 28 に示した三つのミッションを実践できる人材の育成と組織体制を社内に実現することにほかならないが，その中核となるのがリスク・マネジャーである。

横浜市に，情報提供を通じて社会の安全を確保する業務を営む会社がある。近年とくに安全達成に向けて情報への依存度が高まったことから，情報提供に関係する会社の業務リスクの排除だけでなく，高質な社員教育を行い，信頼性の高い業務を実現するための内部改革の必要性に迫られていた。

この会社では四つのテーマを掲げ，これらの問題を順次克服する方針を立てた。それは，

(1) 社内にリスク・マネジャーを育成する。

(2) 育成したリスク・マネジャーが核となって現場と組織のリスク・マネジメントを実施する。

(3) リスク・マネジャーが指導者となって構成員の資質向上に向けた教育・訓練を行い社内に機能的な活動体制を構築する。

(4)　技能訓練における支援機器を開発して，これを業務に導入し業務の技能レベルを向上させる。

ことであった。

リスク・マネジャーの活動

この会社では，まず，これら四つのテーマを順次達成する基盤となるリスク・マネジャーの育成を喫緊の課題と捉え，神戸大学バージョン・リスク・マネジャー育成プログラムを導入して社内の人材育成に着手した。

2012年11月から2014年4月にかけて会社の役職者を対象に第1期生の育成プログラムが行われた。そののち2013年10月から2015年3月にかけて部長級を対象に第2期生の育成プログラムが実施され，さらに2015年6月から1年をかけてリスク・マネジメントの実働部隊として第3期のリスク・マネジャー育成が終了している。

足掛け4年をかけて育成されたリスク・マネジャーには，会社のトップから現場の要員までがメンバーに含まれている。リスク・マネジャーは，手分けしながら過去に発生した事故・不具合に関して直接原因や潜在要因の分析を継続しており，いままで見過ごされてきた会社に内在する課題の洗い出しに成功している。

リスク・マネジャーの本来の目的であるリスク・マネジメントの活動成果は，図31に示した活動関連図（「クルー」を「社員」に，「BRM」を「TRM」と読みかえ）に則り，リスク・マネジャーと全社員の密なリンクの下で機能している。また，この時機までにリスク・マネジメント推進室も設置され，リスク・マネジャーと全社員の意識連携，協力連携も高いレベルで活性化している。

リスク・マネジャーが主導する社内体制の構築

第1期リスク・マネジャーが活動を始め，第2期生，第3期生がリスク・マネジャーとしてこれに加わって以来，とくに社内に変化をもたらした事項は，リスク・マネジャーを核とした社内体制の再構築に関する具体的成果である。

これまで会社が目指す明確な目標はあっても，それが現場の構成員一人ひとりまで正確に浸透しにくかったり，組織と現場の認識にギャップがあったりするなど，全社的な目標共有，認識共有に乏しい現実があったことは否めない。この点においては，第1期，第2期，第3期リスク・マネジャーが核となって，また，若手の第3期リスク・マネジャーが現場の構成員を束ねる形で各層レベルの話し合いの場作りを実現した。そして，このことは，社内の風通しをいままで以上に良くする結果をもたらした。リスク・マネジャーを育成する際に，会社のトップから現場の要員までを含むメンバーを研修の対象にしたことが功を奏した好例であろう。

現場で生じる事故や不具合は，組織の役職者としては間髪を入れず情報を得たいものであり，影響が大きければ大きいほど，その問題を現場と共有したいものである。この点については，リスク・マネジャーが中心となって，最近のIT技術を導入した社内即時情報共有システムを構築した。このシステムはすでに社内で事故や不具合が発生したときの即時情報共有，問題共有に活用されている。このケースのように改善すべき課題が洗い出されたらすぐに対策の手を打つ決断ができたのも，組織の役職者がリスク・マネジャーとなったことの良い面がもたらした成果であろう。

リスク・マネジャーが主導する社内教育システムの構築

リスク・マネジャーを核とした社内体制の再構築に関して特筆すべき成果がある。それは社内教育システムの構築である。この会社では会社のトップや役職者がリスク・マネジャーとして自ら率先してアクシデント・レポートやインシデント・レポートをリスク・マネジメントの技術的手順に従って調査，分析を継続している。その結果，会社のトップや役職者が自らこれまで気にすることがなかった課題に気付くことになった。それは，会社が理想とする業務を遂行する能力とは何かを構成員に気付かせ，それを身につけるための社員教育への無関心さだった。

会社のトップや役職者は，この問題に関してこれまで全く無関心だったわけではないが，多くの組織のトップや役職者がそうであるように，誰がやるのか，どのようにやるのかという点においてソリューションを見出せないまま先送りするうち，構成員の教育・訓練の必要性に対する現実感が希薄になっていたことは否めない。

これを機会にさっそく社内に，リスク・マネジャーを核とする教育システムの構築体制が整備された。そのスタッフとなったリスク・マネジャーによって，まず手始めに新入社員教育用カリキュラムの設計が行われた。いまではリスク・マネジャーが指導役となって社員の意識，意欲，知識，技術の高度化を促進する教育・訓練のしくみが定着し始めている。さらに，リーダーシップやチーム意識の強化を目指した研修プログラムも設計され，また，経験年数に応じた知識，技術，意識，意欲の向上研修プログラムの設計も手掛けられ，これらの試行が始まっている。

5.2 組織のトップや役職者がリスク・マネジャーとなる意義

組織全体がリスク・マネジメントの重要性を認識するためには，組織のトップや役職者がリスク・マネジャーの役割を担うことが重要である。それにより日頃見過ごすことの多い組織に存在する隠れたリスクを目のあたりにする機会を得ることになる。また，組織のトップや役職者が直接リスク・マネジメントに取り組むことにより，組織としての改善策の実施に即時性が生まれる。さらに，リスク・マネジメントの実践を部下に丸投げすることなく，組織に内在する課題を率先垂範して改善する原動力が生まれる。

このようにリスク・マネジメントの重要性の感覚は自分がリスク・マネジャーという立場になってはじめて身をもってわかるものである。この会社の事例に学べば，会社のトップから現場の要員までを含むメンバーを対象にリスク・マネジャーを育成したことにより組織全体としてリスク・マネジメントの重要性を認識する風土が生まれたこと，組織のトップがリスク・マネジャーとして率先してリスク・マネジメントに取り組むことにより課題が発見されると同時に即断即決で解決への道すじが生まれたこと，などのメリットを見出すことができる。

この会社は，自律的改善による内部改革に意識が高く，とくにリスク・マネジャーの育成をテコに，目標として設定した四つのテーマの完結に向けて全体的に質の底上げを図ろうとしている。そして，リスク・マネジャーと全社員との協力，連携のリンクも確実に機能し始める状態になっている。このことから，いまでは，ISO 9000 シリーズの国際認証規格を取得する土俵に上がれるのではないかと考えるようになってい

本編では，共著者それぞれの独自の視点から話題を設定し記述を分担した。記述にあたっては，人間が社会生活を営む上でどのようなリスクに直面しているか，人間や社会が直面するこれらのリスクをどのようにコントロールするかについて，設定した話題に関する取り組みの現状とその課題を切り口として，社会のリスク・マネジメントとは何をどのようにすれば達成できるかを解説した。

編著者の井上は，一般によく見られるスクール形式のTRMスキル研修が，多くの場合一過性のアリバイ作りの研修に過ぎないことが多い現状に警鐘をならす意味から，一回限りの研修がTRMに関する意識の持続と行動定着に効果が薄いことを気にかけることなく旧来通りのスクール形式の研修を継続することは研修実施上の社会的リスクを放置するものと捉え，この課題をどのように克服するかをテーマとして設定している。

共著者の櫻井は，日本ではまだ事故が起きたときに責任追及がクローズアップされ「事故から何を学ぶか，得られた教訓を未来にいかにつなげるか」という文化が根付いていないと感じており，この点を運輸の世界に潜む社会的リスクとして捉え，この課題を克服するには「後ろ向き」のリスク・マネジメントではなく「前向き」のリスク・マネジメントを根付かせていくことが重要であるとともに，その姿勢が運輸の社会全体をより活力あるものにするとの観点から，国の危機管理体制として社会レベルのリスク・マネジメントに取り組むしくみについて課題を取りまとめている。

共著者の北田は，世界各地で起こるテロ，移民，自然災害といった問題は，直接または間接を問わず世界各地に影響を及ぼす社会的リスクであると捉え，これら誰もが直面する社会現象をテーマに，どのようなリスクにいかに取り組めばよいかを国際的視野から解説する。また，近年の海事産業における専門的人材の枯渇は大きな社会的リスクとして捉え，海事・海洋に関わる仕事の魅力アップと人材力強化について世界ではどのような取り組みがなされているかを視野に入れながら，海事産業を超えた各種産業における啓蒙教育および国際協力連携の必要性を説く。さらに，専門技術分野における女性の活躍の割合は世界的に低く，優秀な女性の活用は社会的リスクを最小化するマネジメントを考える上で不可欠との視点から，男社会に潜むいびつな人材活用のリスクに目を向け，広く国際的視野から「ジェンダー」問題と「リスク・マネジメント」の関係性について解説する。

1. TRM スキル研修が抱える課題【井上欣三担当】

1.1 意識改革は漢方薬の効果

TRM スキル研修では，リソース活用の重要性の理解，コミュニケーションとチーム連携への取り組み姿勢，メンバーとしての行動や言動のあり方などの学習を通じて，チーム・リソース・マネジメント（TRM）の思想に沿った発想に意識を改革することが目標となる。ただ人間の意識というものは短時間でそう簡単に変わり得るものではない。このような人の意識に本質的な改革を促す教育や研修においては，よほどの力量が見込まれるインストラクターが十分な時間をかけて行うことが望まれる。

座学研修中に，他のチーム・メンバーと交わす会話や態度が知らず知らずのうちにチーム・リソース・マネジメント（TRM）の思想に沿ったものになるような意識改革を達成するためには，まず理想の言動や行動を学び，それが知識から意識に昇華される中で，自然のうちに身に付いてくることが望まれるが，それには時間がかかる。

アメリカの航空業界から発展したコックピート・リソース・マネジメント（CRM）では3泊4日をかけてみっちりと座学を通じた思想の理解に研修のエネルギーが注がれていると聞く。しかしながら，我が国においては，多くのTRMスキル研修が，せいぜい半日，長くて1日と極めて簡略化されてしまっている現状にあることを考えれば，その研修で期待される受講者の意識改革は希薄なまま終わってしまう懸念は否めない。

チーム・リソース・マネジメント（TRM）の思想を理解し，TRMスキルに基づく行動スタイルを認識するTRMスキル研修においては，時間をかけ，回を重ねて受講者の意識改革を促す努力が必要となる。その意味からいえば，TRMスキル研修による意識改革の成果には，即効薬ではない漢方薬の効果を期待するのがよい。

1.2 意識持続と行動定着

一過性の座学研修

人間は怠惰な動物である。一度の学びだけでTRMスキル研修のエッセンスをすべて理解し，それを日頃から意識して行動に反映させるのは容易なことではない。ことに一人のインストラクターが多数の受講者を相手に講演するスクール形式の研修では，どうしてもこの点が難しく，一回の座学研修で研修の本質を体得できる受講者の歩留まりは少ない。目的意識が高くよほど積極的な姿勢で研修に臨む受講者以外，大方の受講者はこのような一過性の研修スタイルの弊害に陥るのではないだろうか。その弊害を克服するためには，時間をかけ，回を重ねて研修を実施する考えもあるが，一方で，研修後における意識持続に効果的な座学研修のあり方に何らかの工夫を施す知恵が必要となる。

その工夫の一つは，まず，特定の上位職者を対象に，face to face 方式での少人数研修を通じてチーム・リソース・マネジメント（TRM）の本質を高度に理解させる教育を行い，それをクリアーした上位職者が，別途スクール形式で受講したメンバーにチーム・リソース・マネジメント（TRM）の意識を日常的に現場指導するという方法である。これは，上位職者が，メンバーにチーム・リソース・マネジメント（TRM）の意識の持続を日常的に啓蒙しつつ理解促進を図ることにより，メンバー全体の意識の底上げを期待するものである。

チーム・リソース・マネジメント（TRM）の意識をメンバー全員におしなべて効果的に定着させるときには，上位職者が中心となり組織的に底上げを図ろうとするような，どちらかといえば権威的外圧方式になじみやすいメンバーもいれば，このような方式とは別に自発的な向上を望むメンバーもいると考えておくほうが良い。後者の考え方に根ざすもう一つの工夫が「TRM 意識リマインド調査」である。

TRM 意識リマインド調査

TRM スキル研修の最終目標は，座学研修で認識した行動スタイルを日常の行動に反映することである。しかし，実際には，学習した TRM スキルを日常の行動に反映することは頭で理解する以上に難しい。座学研修において TRM スキルに基づく行動スタイルを認識し，その後 TRM スキルが日常の行動に反映されるまでには，さらに時間をかけて意識の持続と行動への定着に向けた努力が必要となる。その点を克服するため，TRM 意識リマインド調査が，神戸大学バージョン・リスク・マネジメント研修プログラムの一貫として提供されている。

TRM 意識リマインド調査は，一度の学習であってもその成果が意識の持続的継続につながるような自己診断，自己研鑽プログラムである。TRM 意識リマインド調査には二つの狙いがある。その一つは，座学研修受講者が，そこで学んだ行動スタイルを研修後においてもどれほど意識として持続させ，日頃の業務においてどれほど行動に活かす努力をしているかを自己診断することである。それは，自己診断を通じて忘れていたTRM 意識を呼び覚まし，足りないところを次の目標として自己に課すことによって，自己の力でTRM 意識の足元固めをすることが狙いである。

二つめは，TRM 意識，TRM 行動について望ましい意識や行動のありようをいつでも自分で再認識することができるような行動の道しるべを提供する狙いがある。そのため，調査票は，自己診断用アンケートとしてデザインしつつも，TRM 意識，TRM 行動の定着に向けた自己研鑽用行動指針マニュアルとして設計されている。TRM 意識リマインド調査は，研修の成果を維持し風化させないために，そして，受講者自身の意識強化と行動定着を自発的に図るために，研修実施から 3 カ月経過した時期に第 1 回調査を，それに引き続き，6 カ月経過ごとに第 2 回，第 3 回というように調査を継続的に実施する計画となっている。

1.3 意識改革に集中できる研修体制

同時に多くのものを求めない

TRM スキル研修では，人の意識や考え方に変化を促すことが目的となることから，意識改革に集中できる研修体制を構築することが望まれる。例えば，TRM スキル研修のついでに英語の能力も向上させようという意図から，TRM スキル研修を英語で行おうとする動きもないわけではない。そうなると，受講者にはチーム・リソース・マネジメント（TRM）の思想理解と英語能力向上の二つのミッションが同時に課されることになり，ただでさえ人間の意識改革は容易でない上に，さらに英語習得の義務が加われば，それが本来の TRM スキル研修の目的達成に対しどうマイナスに作用するか気にかかるところである。

英語能力の向上はそれなりに別途対処すべきではなかろうか。人の思考，行動はシングル・チャンネルと言われるヒューマン・ファクターの観点から言えば，一つの研修に同時に複数のミッションを含めることを避けて，チーム・リソース・マネジメント（TRM）に向けた意識改革に集中できる研修の実施が望まれる。TRM スキル研修の純粋な本質追究の姿勢は大切にしたいものである。

シミュレータ利用の限界

TRM スキル研修では，座学研修とシミュレータを用いたロールプレイ方式による体験的演習を組み合わせて実施されることがある。しかしながら，シミュレータを目の前にすると受講者の意識はどうしても技術傾注に陥り，せっかく座学で習得した言動や行動を演習の場に反映することを忘れがちになる傾向がある。

ただでさえ意識改革は短時間でなし得るものではないのが人間の特質であることを考えれば，TRM スキル研修の場では，意識の改革のみに集中することが望ましく，座学研修とシミュレータ利用とは完全に分離し一線を画すことが望ましい。もし，両者を抱き合わせで実施する必要があるときには，シミュレータ利用においては技術的な成否に触れることなく，この体験的演習の目的を，座学による意識改革の成果をロールプレイにおける言動や行動に反映できているかを確認することに限ることが望まれる。

そうでないと，本来の意識改革の目的と技術指向がごっちゃになって，せっかくの研修が虻蜂取らずになる懸念がある。もしシミュレータを利用する場合には，その仕切りにメリハリをつけるのはインストラクターの役割であることから，インストラクターにはよほどの力量が必要となる。研修の成否は，インストラクターの力量に大きく依存することになるだけに，インストラクターの人選と今後におけるインストラクターの人材養成には十分な配慮が必要となる。

受講者が研修に臨む姿勢

近年においては，時代の趨勢としてTRMスキル研修は，法の下での強制であったり，会社における自主的安全管理の一環であったり，外部からの要請であったりする。その場合，受講者は会社からの指示や命令で参加することも多くなる。そのような場合，とりあえず“時間が過ぎるまで座っておこう”程度の姿勢で臨む受講者もいないわけではない。

研修を受ける限りは，受講者は自発的な高い意識をもって臨むべきである。なぜなら，TRMスキル研修の目的は自分の意識を改革することから始まるのだから。もし受講者の側に“受けさせられている”といったような気持ちで参加するようなことがあれば，研修そのものが形骸化することにもなりかねない。

2. 運輸安全委員会の役割と使命【櫻井美奈担当】

2.1 運輸安全委員会発足の経緯

運輸安全委員会は，航空・鉄道事故調査委員会と，海難審判庁の原因究明機能とが統合し2008年10月1日に国土交通省の外局として発足した。両機関の統合および委員会発足の背景には，船舶事故における原因究明と懲戒手続きを分離して行うこと等を規定した事故調査コードをSOLAS条約に盛り込む決議がIMOにおいて2008年5月16日に採択され，2010年1月1日に発効した経緯がある。これまで我が国において海難審判庁が原因究明とともに担ってきた海技士等への懲戒手続きについては，同時に新たに新設された海難審判所に引き継がれた。

懲戒のための調査から，再発防止のための調査へ

運輸安全委員会の主な活動は，事故の再発防止および今後の同種事故による被害軽減に寄与することを目的として事故調査を行い，その結果を取りまとめた報告書を公表することにある。このため，事故に直接関与した個人の要因だけでなく，事故発生の背景となった組織要因にまで掘り下げた調査が行われる。事故調査には，事故に関与した当事者の調査への協力が必要であるが，提供した情報が懲戒手続きに用いられる可能性があるときには，原因究明のために十分な協力が得られない場合があると考えられる。すなわち，徹底した原因究明のためには，調査を懲戒手続きと切り離して行うことが必須である。

この点については，運輸安全委員会発足以前から，事故の原因究明と懲戒手続きを分離・独立して扱うのは国際的な潮流となっていた。例えば，米国では1967年に国家運輸安全委員会（National Transport Safety Board, NTSB）が設置され，連邦政府の独立機関として運輸事故の原因究明，再発防止に向けた勧告等を担ってきた。船舶事故の場合，大事故から軽微な事故に至るまでの全数調査をコーストガードが実施しているが，大事故に関してはNTSBが独立して調査を実施する体制となっている。コーストガードは必要があれば事故に関与した船員に対する懲戒手続きを行うが，このとき二つの機関による調査は完全に分離して行われる。

運輸安全委員会発足時には，再発防止に向けた措置を確実に実行するための権限強化も図られた。事故調査の結果から得られた教訓を基に，必要に応じて講ずべき対策について，国土交通大臣や行政機関，事故の原因関係者に対して勧告を発し，勧告に基づいて講じた措置についての報告を求める権限を有している。また，IMO事故調査コードに即し，必要に応じて関係国と調査協力を行う体制も整備されている。

被害者・遺族に寄り添う事故調査

被害者や遺族の心情に配慮した適時・適切な情報提供も，運輸安全委員会の重要な使命の一つである。自分が事故に巻き込まれたら，あるいは大切な家族の命が事故によって奪われてしまったら，加害者に対して怒りの感情が湧いてくる一方で，今後自分や家族のような犠牲者を出さないために，「なぜこのようなことが起きたのか」を知りたいと願うのは当然の感情である。被害者や遺族の心の傷が少しでも癒えるよう，調査結果や再発防止策について丁寧に説明することも，広い意味で被害軽減の一端を担う重要な役割であろう。

運輸安全委員会の発足は，より徹底した原因究明と再発防止を実現するための大きな一歩であった。懲戒のための調査から，再発防止に向けた調査へ，この思想と精神は運輸安全委員会に続いて設置された消費者安全調査委員会や医療事故調査・支援センターにおける調査にも受け継がれている。

2.2 予防安全に向けた取り組み

徹底した事故調査に加え，過去の事故から得られた教訓をわかりやすい形で示し，広く情報提供を行っていくことも，再発防止に向けた重要な取り組みである。こうした取り組みとして運輸安全委員会では，主要な事故の調査結果をまとめた「運輸安全委員会ダイジェスト」や頻発している事故に対する注意喚起を目的とした「安全啓発リーフレット」，地域別の事故発生傾向や注意点を浮き彫りにする分析集の発行等を行うとともに，運輸安全委員会の活動を知ってもらうための出前講座なども行っている。

船舶事故ハザードマップ

中でも2015年5月より運用されている「船舶事故ハザードマップ」は，どこで，どのような事故が発生しているかがひとめでわかるものであり，出航前の安全上の注意点確認や安全教育のための資料として役立てられている。図32は，船舶事故ハザードマップの表示例である。船舶事故ハザードマップでは，地図上に過去の事故の内容を表示させるだけでなく，その海域が抱えるリスクについて把握できるように，気象情報やライブカメラ，AISデータを基に作成した交通量，漁法や漁場，船舶事故に関する論文などの情報も同時に表示することができるように

が西ヨーロッパへの大量の難民の流動を可能にした。

海事社会に目を向けると，この難民危機に関するリスク因子が一般商船にもリスクを波及させるという事実がある。海を渡る難民，いわゆるボートピープルは，古代から現代にかけて世界中で多くの例が見られるが，このことが一般商船にリスクとして関わることはほとんどなかった。しかしながら，欧州での難民危機のような大量の難民が海を渡って移動する事態においては，一般商船もどこでどのような形で難民リスクに関わるかわからない。

2016年5月，スウェーデンの世界海事大学が主催した「海を渡る移民に関する国際シンポジアム」において，デンマークの船社A.P.モラー・マースクの一等機関士が，航海中に移民に救助を求められたときの様子をこのように語っている。「我々船員は難民救助に必要とされるトレーニングを受けているわけでもない。運航のプロであっても，難民救助に関してはまるで無知だ。最初に難民を乗船させた際，船外に待機させるか，船内に受け入れるかが問われた。判断までの時間はわずかで，我々は難民を船内に受け入れた。何とか無事に専門家に彼らを引き渡した後，難民が去ったあとの船内を片付けるのに1週間かかった。もちろん通常の運航作業に加えてだったから並みたいていではなかった。」

この船員の声が代弁するように，これまで想像もつかなかった種類のリスクに一般商船が遭遇する可能性は否めない。今後は，国際法の及ばぬ事態や，海上保険の想定外の事態も起こりうることを肝に命じ，例えば，一般商船が海上で大量の難民と遭遇する場合の難民の扱い，その後に付随して起こる作業といったリスクに直面したときの連絡経路の確保や，知識・情報の共有，関係機関とのネットワークなど，これまで一般商船にとって想定外だったリスクに対しても予防安全の手立てを前広に講じておくことが望まれる。

3.2 自然災害に伴う社会的リスクの軽減

近年，Business Continuity Plan（BCP）の作成は，公的機関，民間企業などに広く受け入れられてきている。BCPは日本では事業継続計画と訳され，災害発生時に短期間のうちに重要な機能を再開し事業を継続するためにあらかじめ準備しておく対応方針のことをいう。地震や台風など自然災害の多い日本ではとくに重要視され，内閣府もBCPの事例集を作成し推奨している(1)。「備えあれば憂いなし」ということわざを体系化したのがBCPであるとも言える。

事業あるいは業務の継続に備えるにあたっては，ストラテジック・マネジメント（経営戦略論）に則り，ビジネス・リスク・アナリシスを実施した上で必要な機能の代替システムを作成し，そのシステムを頻繁にテストし，災害発生時にどのようなアクションが必要かを関係者に理解させておく必要がある。また，いざというときに情報が古くなって使い物にならないといったことがないように，情報システムのデータの流れを整理しておくインフォメーション・ライフサイクル・マネジメントの考えも重要となる。

3.3 レジリエンス・モデルの考え方

2011年の東日本大震災を機に，日本では緊急時にいかに情報システムやライフラインを即座に立て直し，経済，経営の災害や危機に対する強靱性や復元性（レジリエンス）を高めることができるかが注目されるようになった。レジリエンスの重要性は近年注目を集めているが，海事社会においては，まだ研究の浅い分野である。

レジリエンスとは自己回復力と訳すことができる。「オランダの農業とバイオ・ダイバーシティ」という論文[2]を参考にすると，以下のようにリスク・マネジメント・モデルとレジリエンス・モデルの違いを明らかにすることができる。

リスク・マネジメント・モデルでは，リスクは外部因子によってもたらされ，外部因子による作用を短期的にコントロールするものと理解される。例えば，農作物の害虫被害は農業におけるリスクであり，それを駆除する農薬散布はそのリスクをコントロールするための対策とみなせる。このような害虫という外部のリスク因子に対して農薬散布という短期的コントロールを施すことはリスク・マネジメントの典型的モデルと見ることができる。

一方，土の養分や細菌，温度や湿度など様々な内部因子が微妙なバランスを保っているセンシティブな土壌環境においては，農薬散布のような短期的なコントロールは必ずしも効果的とは言えない。農薬散布によって土の成分がバランスを失ったり，その農薬に耐性を備えた害虫が発生するなど，より大きなリスクをもたらすこともある。このように農業の世界ではリスク・マネジメント・モデルは，長期的に見れば，全体システムを弱らせ，コントロールがなければ自らを維持できない外部因子への「依存症」をもたらす可能性がある。

これに対して，レジリエンス・モデルは自然のちからを利用することで，復元性を増加させ，リスクを軽減するという考え方に立つ。短期的な効果は出難いと言われるが，長期的には安定性と生産性を増し，リスクへの抵抗力をつけることが可能となる。手間はかかるが日常の手入れと観察により新たなリスクを察知，予測した上で適応力を高め，新しい知識を全体システムに取り入れる。このようにレジリエンス・モデルは，継続的なリスクの察知と予測というサイクルによって全体システムのレジリエンスを向上させることになるので，結局持続可能なリスク・マネジメントを検討することが可能になる。

3.4 産業に潜む「不正・腐敗」という社会的リスク

リスクには制度化，慣習化された社会的リスクも存在する。汚職や賄賂などに代表される社会に根付いた不正や腐敗は，マネジメントするのが最も難しいリスクのひとつである。こうした不正や腐敗は，歴史的にも数多くの例が存在し，法によって秩序を保たれた健全な社会の敵となる。政治・経済の統合を目指す欧州共同体においては，国家を超えた地域的秩序を一つの枠組みとして作っても，国家にはびこる不正・腐敗を絶たねば本来の目的は到達できない。また産業そのものに存在する制度化，慣習化された不正・腐敗に対しては企業倫理の観点から是正していく姿勢が望まれる。

これは海運に存在する慣習の中にも言えることである。西アフリカのガーナでは，ロジスティック・チェーンにおいて公務員と民間のエージェントの間で行われる不正によって，毎月1億5千万米ドル相当の脱税が問題となっていた[3]。そのような国家では，本来あるべき海運による成長は期待できない。ガーナ最大のテマ港の健全化プロジェクト(2013)では，ステークホルダーへの倫理ワークショップを通じて，何が恥ずべきことで何が美徳であるかという倫理観を共有し，ISO 9001認証を通じてコーポレート・イメージを向上させる試みが行われた。その結果，ガーナでは品質管理システムが充実し顧客満足度が向上した。具体的には通関手続きの39％スリム化，企業利益性140％まで上昇，2015年前半の中継ぎ貿易32.2％増加，ベスト・ポートの受賞など，大きな効果がわずか2年で現れた。このケースは，不正・腐敗という社会的リスクは改善することができ，そして回避できるという確かな具体例と言える。

また，船舶の運航に関しては，停泊時や通航時における財物強要や，エージェントやバンカーのサーベイヤー，荷主等による虚偽の申告，船内備品の持ち去り等，様々な場面で多様な種類の不正・腐敗が存在する。例えば，水先人にタバコをプレゼントするとか，パスポートの間にそっと10ドル札をしのばせておくというように，どこで誰にどの程度の財物を提供すれば厄介なことにならずに済むかという悪しき慣習，いわゆる“Facilitation gift”が業界の常識として存在し，船主によってはそうした状況を踏まえてあらかじめ予算を認めている場合もあるという。

このような海運における不正・腐敗を海上職員と陸上職員との関係について研究した英国カーディフ大学船員国際研究センターの調査報告書では20項目の提言がなされている(4)。要点をまとめると，船社や労働組合，P&I Club（船主責任相互保険組合），その他団体が協力して便宜を図ってもらうための“Facilitation gift”の禁止に関する実施規則の作成を行うこと，そして船社が考慮するべき対策案（“Facilitation gift”を拒否したばかりに拘留されるといった結果について船員を咎めない等）が挙げられている。

要するに何が正しいかをポリシーとして明確にした上で，すべてのステーク・ホルダーが意識を共有し，不正に立ち向かう確固たる信念を貫き通すことが重要である。そして，少額の賄賂でその場限りの厄介をうまくやり過ごしたい誘惑にかられても，それを乗り越えて長期的な視点で国家そして産業の健全で持続可能な成長を支援するために，関係者が一致団結して，社会的なリスクである「不正・腐敗」に立ち向かう姿勢が問われる。

4. 人材活用によるリスクへの対応【北田桃子担当】

4.1 ジェンダーに縛られないダイバーシティ

人材が枯渇する事態は，国家や産業の活力を失わせるリスクに相当する。国家や産業の健全で持続可能な成長を促すためには，この種のリスクに強い体質を現場・組織・社会において作り上げることが重要である。ここで注目したいのが，ダイバーシティ（多様性）の概念である。多様性をもつことは，脆弱性を抑え，リスクに強い体質をもつことにつながる。リスクに強いとされる多様性共存の社会における構成員には様々な要素（年齢，性別，職種，家族構成，収入など）を持ち合わせた人間が含まれるが，このような視点から海事社会を眺めてみるとこの社会は極めて特異であることに気付く。それは，この産業社会が世界的に見て極めて男性中心の社会であることによる。

海事産業に占める女性の割合は世界的にも低く，貨物船に乗り組む船員に限っていえば全船員人口の約 1% が女性だと言われている(5)。クルーズ客船やフェリー等でホテルやレストランなどのサービス業に従事する女性船員はもっと多いものの，全体として女性の活躍はまだ少ない。こうした傾向は運輸や土木，港湾や造船，その他多くの産業分野にわたり等しく見受けられる。女性は事務員として雇用されていても，管理職や技術職の多くは男性が占めている。

ジェンダー（男女に関する社会通念）に基づく役割分担が根強い日本は，世界的に見て女性が活躍しにくい社会として知られる。いままでは男性中心の組織でもリスクにある程度対応できたかもしれない。しかし，将来的に社会がより発展するにはいまより複雑なリスクを念頭に置かなければならず，その意味で，人材多様性の面において，いまや大きな時代の転換期に来ていると認識すべきである。

優秀な人材確保のためダイバーシティ（多様性）を重視し，優秀な女性を活用したいという議論は一見して正しいように思われるが，単に優秀というだけでは女性を必要とする決定的な理由としては不十分である。重要なのは，複雑化する社会のリスクに対応するには，現在の男性だけに偏った構成員によるリスク・マネジメントには限界があるということである。今後は，ジェンダーを含めたダイバーシティをマネジメントに取り入れ，社会に潜むリスクとチャンスを敏感に察知できる人材を幅広く活用していくべきである。

4.2 人材確保の面からの対応

国際化が著しい近年の海事産業において，専門的人材の枯渇は社会的リスクと捉えることができる。過去数十年の間，BIMCO/ICSマンパワー・レポートに報告されるように，船員不足が心配されているが，高度な海事技術者としての船員は常に不足している。一般の船員もさることながら，海事産業を支える高度技術者としての人材は，長期的な視野に立って，産業・教育・行政の産学官連携によって戦略的かつ計画的に確保されなければならない。

欧州連合（EU）においては，このような視野に立ち，行政であるEUが主導して人材確保の検討に対して巨額の予算をつけ，EUプロジェクトという形でアイデアを公募している。これにより，EU加盟国の産業と教育に関わる機関が自らコンソーシアムを作り，共同研究を行い，報告書の公表のほか各種セミナーなどを実施している。また，海事産業においては，船主を代表する国際海運会議所（ICS）は船員の教育訓練が就職後も延々と続き，休暇中の船員に付加的な訓練を受けさせなければならない事態を憂慮し，人材の確保・育成の面からSTCW条約（改正1978年の船員の訓練及び資格証明並びに当直の基準に関する国際条約）の下にある船員免許システムに疑問を投げかけている。また，海員組合を含む運輸業に関わる労働者組合の代表である国際運輸労連（ITF）は，デジタル情報通信技術の急速な発達と，近年実現化に向けた活発な議論のある無人船のような自動化の動きに対し，人間とテクノロジーによる分業のバランスが安全にどのような影響を与えるかについて，人材が備えるべき能力の観点から警告を発し始めている。

これらの例に見られるように人材の確保・育成の問題は，当面する社会リスクを回避するためのリスク・マネジメントの実践であると同時に，産学官が協働して人材枯渇に起因して派生する人材の能力不足など今後の社会が直面するリスクを中長期的に予想し，リスクを回避するために適切な対応を先取りして立案していくことが望まれる。

4.3 人材育成の面からの対応

社会に貢献できる人材育成という意味では，かなり若い年齢から現場に親しみ，目標とする産業が仕事のオプションになるような意識を市民にもってもらわなければならない。若年層に対する啓蒙教育が長期的な人材育成を視野に入れたリスク・マネジメントとして重要なのはこのためである。海事の世界に目を向けてみると近年，とくに海に関わる仕事の魅力が薄れていると指摘されているが，これは日本に限ったことではなく，日本と同じ島国で四方を海に囲まれたアイスランドでさえ，都市化と漁業の企業化によって古くからの漁村が衰退し，新しい世代は海へ近寄らなくなっているのが現状である[6]。

この問題に対し，将来における人材の確保，育成の面から，また，将来を担う子供たちや若者にもう一度海に目を向けさせる意味から世界ではどのような取り組みがなされているか，その具体例をスウェーデン，オランダ，米国，日本の順に見てみる。

スウェーデンにおける取り組みの例

スウェーデン南部の町，マルメの西海岸に位置するSEA-U Marine Science Centre（海洋科学センター）は，「海を身近に」体験・教育学・海洋開発をコンセプトに，就学以前の4歳以上の子どもから参加できる海洋教育プログラムを用意している。4, 5歳児対象の海洋教育プログラム「海老のルティーヤと大冒険」では，想像力を育てる教育方法論に従って，地元のエーレスンド海峡に生息する海中生物について学ばせる。小学1〜3年生が参加する「ウェット＆ドライ」の海洋教育プログラムでは，児童と先生はズボンと靴が胸まで一続きになったゴム製のウェーダーギアと呼ばれるつなぎ服に着替え，海中生物観察や海岸の植生について学ぶ。その上級編となる「エーレスンド海峡探検隊」プログラムは小学4〜6年生向けで，食物連鎖について学習する。中学・高校レベルでは，低学年で学んだ海洋学を深めると同時に，水資源の恩恵について世界的視野でディスカッションを行う。学校教育の枠組みとは別にプライベートでは，スポーツフィッシングが盛んで，レクリエーションとしての魚釣りの基本や楽しみ方を8〜12歳頃の子どもに教えるボランティアがいたり，小型ボートなど休日のセーリングを家族で楽しむ。子ども向けのアニメでは海や船をテーマにした設定やキャラクターが多く登場する。物心がつく前から海や船に対してワクワクするイメージが定着しているのだろう。

オランダにおける取り組みの例

オランダ北部からユトランド半島西岸にかけて延びる島々や小川，砂洲などが織りなす珍しい地形で有名なワッデン海では1997年にドイツ，デンマーク，オランダの北海沿岸三カ国の環境大臣が合意して「ワッデン海の風景と文化遺産プロジェクト」が発足した。そして，ワッデン海の海事文化が残した風景，すなわち灯台や漁港，浜辺などすべてを含めた港の風景そのものが，海や船を取り巻く海事文化遺産（マリタイム・ヘリテージ）という考え方に基づき，「国際ワッデン海スクール」を開校した。ここに修学旅行を積極的に誘致し「持続可能で，環境に配慮した旅行」をモットーに体験型の海洋環境教育を実施している。また，オランダは日本と同様，帆船による海洋教育の伝統をいまなお大切に守り抜いており，民営化の下で航海体験や帆船レースをユニークな商品としてビジネス展開することで，世界各国から若者を中心に顧客を集めている。

米国における取り組みの例

米国コーストガードが提供する海洋教育プログラムは，基本的に安全や環境保全に焦点をあてている。例えば，4～9歳を対象に安全なボートの乗り方を絵本や塗り絵で説明する“Boating Fun”，10～12歳を対象にボートの安全を1分間のミステリー・ストーリーの手法を使ってディスカッションを行う“Waypoints”，そのほか実際にボートに乗船するコースも多数ある。また，100年以上の歴史をもつ「シー・スカウト（Sea Scouts）」は男女問わず人気のあるアクティビティとなっている。

日本における取り組みの例

日本船長協会は，2000年より「船長，母校（母港）へ帰る」を実施し，2013年3月31日までに小学校73校，中学校36校，高校等8校で開催し，日本全国の2万人近い子どもたちに船のしごとや海・船・港に関するや外国での体験談など船長の海上経験に基づく講演を行った[7]。航海を体験する例としては，1994年度から2012年度まで運航された大阪市所有帆船「あこがれ」があり，小学4年生以上を対象とした一般市民開放の帆船として体験型の船上研修の普及に貢献した。また，滋賀県所有の学習船「うみのこ」は，1983年より滋賀県内の小学5年生全員を対象に，魚釣り，琵琶湖の外来魚に関する学習，水中観察，湖岸散策などを含めた宿泊体験型の船上教育を展開している。2013年までの30年間に，乗船児童数は47万人を超え，先生などの引率者が4万人弱，保護者や見学者，サポーターなどが1万人弱となり，計算上は滋賀県民の三分の一以上が乗船したことになる。「うみのこ」に乗船した児童が後に船員になるケースもあり，海運を支える後継者育成への効果も見られる[8]。

ほかにも，2007年に発足した東京大学海洋アライアンスは，海洋教育促進研究センターを設置し，青少年に海への関心を呼び覚ますカリキュラムを教育課程に組み入れる提言や，シンポジウムや講演会を通じた海洋教育の指導者育成，また，学際的な研究開発に学生や大学院生の参画を促し，海洋教育を実践できる人材の育成を図っている。また，このほかにも山間部の小学校への出前授業，教員研修セミナー，大学生向け海洋観測の体験実習，全国海洋教育サミット，女性海洋研究者チームなど海洋教育を促進する新しいアイデアが数多く提案されている。

(1) 内閣府「防災情報のページ」, http://www.bousai.go.jp/ 2016年12月27日アクセス

(2) Erisman et al. (2016). Agriculture and biodiversity: a better balance benefits both. AIMS Agriculture and Food, 1(2): 157-174, DOI: 10.3934/agrfood.2016.2.157

(3) Asiedu-Dartey, F. (2016). Ethical Practices in the Maritime Industry: The Case of Ghana.(世界海事大学セミナー発表資料)

(4) Sampson, H. (2016). The relationships between seafarers and shore - side personnel: An outline report based on research undertaken in the period 2012 - 2016. Cardiff: Seafarers International Research Centre.

(5) BIMCO/ICS. (2016). Manpower Report: Global supply and demand for seafarers in 2015. London: Maritime International Secretariat Services Limited.

(6) Willson, M. (2016). Seawomen of Iceland: Survival on the Edge. Seattle: University of Washington Press.

(7) 山本丈司. (2013).『日本船長協会が取り組む海事思想の普及活動』,「海と安全」, 557: 48-51

(8) ルポ. (2013).『All in Oneの船と「魔法の船」に学ぶ』,「海と安全」, 557: 28-43

索　引

【英文】

【あ行】

【か行】

【さ行】

【た行】

【な行】

【は行】

【ま行】

【や行】

【ら行】

【わ行】

あとがき

1990年頃，神戸商船大学教授時代に「リスク・マネジメント」に関する研究に取り掛かって以来，かれこれ四半世紀が経過する。この間に定年退官を前にこの分野の研究成果の一端を取りまとめていただきたいとの出版社から依頼を受けて刊行したのが「海の安全管理学」(2008年10月，成山堂書店）である。この本は安全管理といっても記述内容は技術に重きを置いたものであったことは否めない。安全管理は手先の技術ではなく心への意識付けであると考えてきたこともあって，この本の執筆以来，いつかは安全管理の社会科学的本質を説く本を書きたいと願ってきた。

しかし，この願いが叶うまえに，永年の研究者生活としての私の研究基盤が操船論・海上交通工学・港湾計画論にあったことから，2011年，この分野の研究成果の集大成として「操船の理論と実際（日本語版，英語版)」(2011年3月，成山堂書店）を世に問うことになった。幸いこの仕事に対して海事社会から褒賞の栄（2011年11月住田正一海事技術奨励賞：日本海運集会所，2016年7月山縣勝見功労賞：山縣記念財団）に浴すことになったが，その間においても安全管理の社会科学的本質を説く本に対するリベンジの念忘れ難く，このたび，世界海事大学（World Maritime University）北田桃子助教授と運輸安全委員会（Japan Transport Safety Board）櫻井美奈委員（非常勤）の協力を得て，本書「リスク・マネジメントの真髄」を発刊することになった。

「真髄」という書名は，本書の原稿を読んだ成山堂書店編集部によるリコメンデイションであったが，本書執筆の意図をうまく言いあてた言葉として気に入っている。真髄（神髄）という言葉は，最も奥深いところにある物事の本質を表現する言葉であり，秘伝とか一子相伝といった

櫻井美奈（さくらい　みな）
1977年群馬県に生まれる。現在，株式会社日本海洋科学　運航技術グループ主任コンサルタント。運輸安全委員会委員（非常勤）。
1999年，慶應義塾大学総合政策学部総合政策学科卒業。同大学大学院政策メディア研究科修士課程を経て，2004年同後期博士課程修了（博士（学術））。2004年より株式会社日本海洋科学に勤務。専門は人間工学。
2008年運輸安全委員会発足時より，海事部会，海事専門部会担当の委員（非常勤）として，船舶事故調査に携わる。
著書に「人間工学ガイド―感性を科学する方法―」（慶應義塾大学福田忠彦研究室における共著，2004，サイエンティスト社）がある。

リスク マネジメントの真髄（しんずい）
現場・組織・社会の安全と安心

定価はカバーに表示してあります。

平成29年4月28日　初版発行

編著者　井上（いのうえ）　欣三（きんぞう）
著　者　北田（きただ）　桃子（ももこ）・櫻井（さくらい）　美奈（みな）
発行者　小川　典子
印　刷　三和印刷株式会社
製　本　株式会社難波製本

発行所 株式会社 成山堂書店
〒160-0012　東京都新宿区南元町4番51　成山堂ビル
TEL：03(3357)5861　　FAX：03(3357)5867
URL　http://www.seizando.co.jp

落丁・乱丁本はお取り換えいたしますので，小社営業チーム宛にお送りください。

ISBN 978-4-425-98291-2

成山堂書店のリスク マネジメント関係図書　好評発売中

海の安全管理学
—操船リスクアナリシス・予防安全の科学的技法—
井上欣三 著
A5判・154頁・2,400円

ISMコードの解説と検査の実際
—国際安全管理規則がよくわかる本—
国土交通省海事局検査測度課 監修
A5判・512頁・7,600円

海上リスクマネジメント
藤沢　順・小林卓視・横山健一 共著
A5判・432頁・5,600円

実践航海術
—Practical Navigator—
関根　博 監修／㈱日本海洋科学 著
A5判・240頁・3,800円

ブリッジ・リソース・マネジメント
唐澤　明 訳
A5判・216頁・3,000円

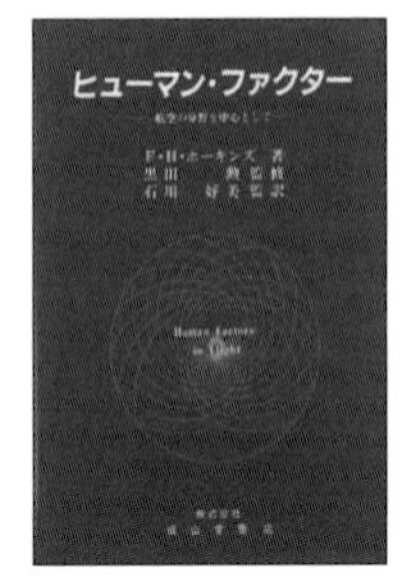

ヒューマン・ファクター
—航空の分野を中心として—
F・H・ホーキンズ 著
黒田　勲 監修
A5判・422頁・4,800円

交通ブックス311
航空安全とパイロットの危機管理
小林宏之 著
四六判・256頁・1,800円

東海道新幹線 運転室の安全管理
—200のトラブル事例との対峙—
中村信雄 著
A5判・256頁・2,400円

安全運転は「気づき」から
—ヒヤリハット・エコドライブから歩行者まで—
春日伸予 著
四六判・120頁・1,400円

■定価は本体価格（税別）　　■総合図書目録無料進呈